中等职业教育“十三五”规划教材
数字媒体技术应用专业创新型系列教材

Flash CS6 动画设计案例教程

杨　和　蔡晓星　主编

吴　丹　姜爱敏　朱云丹　副主编

科学出版社
北　京

内 容 简 介

本书充分考虑中等职业学校学生的学习特点，突出专业核心技能的学习与训练，主要介绍了初识 Flash、图形的绘制、图形的编辑、基本动画的制作、交互式动画的制作、特殊动画的制作、有声动画的制作等内容，最后还安排了综合案例，可进一步提升学生对 Flash CS6 软件的操作及应用能力。

本书可作为中等职业学校数字媒体技术应用专业或计算机相关专业的教材，也可作为 Flash 软件的爱好者及动漫爱好者的参考用书。

图书在版编目(CIP)数据

Flash CS6 动画设计案例教程 / 杨和，蔡晓星主编. —北京：科学出版社，2016

（中等职业教育“十三五”规划教材·数字媒体技术应用专业创新型系列教材）

ISBN 978-7-03-048730-8

Ⅰ. ①F… Ⅱ. ①杨… ②蔡… Ⅲ. ①动画制作软件-中等专业学校-教材 Ⅳ. ①TP391.41

中国版本图书馆 CIP 数据核字（2016）第 129135 号

责任编辑：陈砺川 赵文婕 / 责任校对：马英菊

责任印制：吕春珉 / 封面设计：东方人华设计部

科学出版社出版

北京东黄城根北街 16 号

邮政编码：100717

http://www.sciencep.com

三河市骏杰印刷有限公司印刷

科学出版社发行 各地新华书店经销

*

2016 年 7 月第 一 版 开本：787×1092 1/16

2020 年 9 月第四次印刷 印张：12 1/4

字数：270 000

定价：35.00元

（如有印装质量问题，我社负责调换〈骏杰〉）

销售部电话 010-62136230 编辑部电话 010-62147541-1028

数字媒体技术应用专业创新型系列教材

编写委员会

本书编写人员

主　编　杨　和　蔡晓星

副主编　吴　丹　姜爱敏　朱云丹

参　编　王恒心　刘春梅　杨永攀

　　　　李承中　蓝红芳

丛书序 FOREWORD

当今社会信息技术迅猛发展，互联网+、工业 4.0、3D 打印、VR（虚拟现实）、大数据、云计算等新理念、新技术层出不穷，信息技术的最新应用成果已渗透到人类活动的各个领域，不断改变着人类传统的生产和生活方式，信息技术应用能力已成为当今人们所必须掌握的基本必备能力之一。职业教育是国民教育体系和人力资源开发的重要组成部分，信息技术基础应用能力及其在各个专业领域应用能力的培养，始终是职业教育培养多样化人才、传承技术技能、促进就业创业的重要载体和主要内容。信息技术的不断更新迭代及在不同领域的普及和应用，直接影响着技术技能型人才信息技术能力的培养定位，引领着职业教育领域信息技术类专业课程教学内容与教学方法的改革，使之不断推陈出新、与时俱进。

2014 年，国务院出台《国务院关于加快发展现代职业教育的决定》，明确提出要“形成适应发展需求、产教深度融合、中职高职衔接、职业教育与普通教育相互沟通，体现终身教育理念，具有中国特色、世界水平的现代职业教育体系”，要实现“专业设置与产业需求对接，课程内容与职业标准对接，教学过程与生产过程对接，毕业证书与职业资格证书对接，职业教育与终身学习对接”。2014 年 6 月，全国职业教育工作会议在京召开，习近平主席就加快发展职业教育做出重要指示，提出职业教育要“坚持产教融合、校企合作；坚持工学结合、知行合一”。现代职业教育的发展将带来人才培养模式、教育教学方式和办学体制机制的巨大变革，这无疑给职业院校信息技术应用人才的培养提出了新的目标。信息技术类相关专业的教学必须要顺应改革，始终把握技术发展和人才培养的最新动向，推动教育教学改革与产业转型升级相衔接，突出“做中学、做中教”的职业教育特色，强化教育教学实践性和职业性，实现学以致用、用以促学、学用相长。

2009 年，教育部颁布了《中等职业学校计算机应用基础教学大纲》；2014 年，教育部在 2010 年新修订的专业目录基础上，相继颁布了计算机应用、数字媒体技术应用、计算机平面设计、计算机动漫与游戏制作、计算机网络技术、网站建设与管理、网络安防系统安装与维护、软件与信息服务、客户信息服务、计算机速录、计算机与数码产品维修等 11 个计算机类相关专业的教学标准，确定了专业教学方案及核心课程内容的指导意见。

为落实教育部深化职业教育教学改革的要求，使国内优秀中职学校积累的宝贵经验得以推广，“十三五”开局之年，科学出版社组织编写了这套中等职业教育信息技术类创新型规划教材，并将于“十三五”期间陆续出版发行。

本套教材是“以就业为导向，以能力为本位”的“任务引领”型教材，无论是教学体系的构建、课程标准的制定、典型工作任务或教学案例的筛选，还是教材内容、结构的设计与素材的配套，均得到了行业专家的大力支持和指导，他们为本套教材提出了十分有益的建议；

同时，本套教材也倾注了 30 多所国家示范学校和省级示范学校一线教师的心血，他们把多年的教学改革成果、经验收获转化到教材的编写内容及表现形式之中，为教材提供了丰富的素材和鲜活的教学案例，力求符合职业教育的规律和特点，力争为中国职业教学改革与教学实践提供高质量的教材。

本套教材在内容与形式上具有以下特色。

1．行动导向，任务引领。将职业岗位日常工作中典型的工作任务进行拆分，再整合课程专业知识与技能要求，是教材编写时工作任务设计的原则。以工作任务引领知识、技能及职业素养，通过完成典型的任务激发学生成就感，同时帮助学生获得对应岗位所需要的综合职业能力。

2．内容实用，突出能力培养。本套教材根据信息技术的最新发展应用，以任务描述、知识呈现、实施过程、任务评价以及总结与思考等内容作为教材的编写结构，并安排有拓展任务与关联知识点的学习。整个教学过程与任务评价等均突出职业能力的培养，以“做中学，做中教”“理论与实践一体化教学”作为体现教材辅学、辅教特征的基本形态。

3．教学资源多元化、富媒体化。教学信息化进程的快速推进深刻地改变着教学观念与教学方法。基于教材和配套教学资源对改变教学方式的重要意义，科学出版社开发了不同功能的网站，为此次出版的教材提供了丰富的数字资源，包括教学视频、音频、电子教案、教学课件、素材图片、动画效果、习题或实训操作过程等多媒体内容。读者可通过登录出版社提供的网站（www.abook.cn）下载、使用资源，或通过扫描书中提供的二维码，获取丰富的多媒体配套资源。多元化的教学资源不仅方便了传统教学活动的开展，还有助于探索新的教学形式，如自主学习、渗透式学习、翻转课堂等。

4．以学生为本。本套教材以培养学生的职业能力和可持续性发展为宗旨，教材的体例设计与内容的表现形式充分考虑到学生的身心发展规律，案例难易程度适中，重点突出，体例新颖，版式活泼，便于阅读。

当然，任何事物的发展都有一个过程，职业教育的改革与发展也是如此。本套教材的开发是我们探索职业教育教学改革的有益尝试，其中难免存在这样或那样的不足，敬请各位专家、老师和广大同学不吝指正。希望本系列创新型教材的出版助推优秀的教学成果呈现，为我国中等职业教育信息技术类专业人才的培养和现代职业教育教学改革的探索创新做出贡献。

工业和信息化职业教育教学指导委员会委员
计算机专业教学指导委员会副主任委员

前言 PREFACE

Flash 是由美国 Adobe 公司开发的网页动画制作软件，其功能强大、易学易用，深受网页制作者和动画设计人员的喜爱，已经成为该领域非常流行的软件之一。本书旨在帮助中等职业学校的教师全面系统地讲授该门课程，力求使学生能够熟练地使用 Flash CS6。作为中等职业学校数字媒体技术应用专业的核心教材，本书立足中等职业学校学生的实际情况，以 Flash 动画制作过程为基础，构建学习任务，以完成岗位工作任务为主线进行编写，体现了“以就业为导向，以技能为核心，以任务为引领”的中等职业教育专业课程改革的理念。

本书从中等职业学生的学习特点出发，结合中等职业学校课程改革的精神，在编写过程中进行了创新和尝试，充分体现了“做中学，做中教”的职业教育教学特色。本书每个项目均根据课程标准明确了知识目标和技能目标，然后分别设置若干任务，每个任务通过“任务描述”“知识准备”“任务实施”“任务小结”等环节将趣味性的生活案例引入课堂教学，激发学生的学习兴趣，在任务驱动下，实现“先学后教，以学定教”的教学理念。另外将软件中常见小问题通过“小提示”和“知识链接”加以解释，最后通过课后练习全方位地帮助学生提升专业技能。

本书遵循由浅入深、循序渐进的原则，根据知识点进行实际任务的规划和设计进行编写。内容的选取以“源于生活，归于生活”为准则，关注学习情境的创设，尽量选择与学习、生活及将来工作有关的素材，体现“以就业为导向”的思想；将知识、技能、情感、态度融入具体任务中，使学生在完成任务的过程中学习相关知识，提高学生的职业综合能力。本书配有丰富的视频资源，并采用二维码技术将教材配套视频与智能手机等移动终端设备相结合，增加了学生学习的互动体验。读者也可通过登录出版社提供的网站（www.abook.cn）下载资源使用。

全书共分 8 个项目，参考学时为 62 学时，各项目的参考学时如下表所示。

项目	课程内容	学时分配
1	初识 Flash	4
2	图形的绘制	8
3	图形的编辑	8
4	基本动画的制作	8
5	交互式动画的制作	6
6	特殊动画的制作	6
7	有声动画的制作	6
8	Flash 综合案例	16
总　计		62

本书由杨和、蔡晓星担任主编，由吴丹、姜爱敏、朱云丹担任副主编。其中，项目 1 和项目 8 由杨和编写，项目 2、项目 4 和项目 6 由蔡晓星编写，项目 3 由姜爱敏编写，项目 5 由朱云丹编写，项目 7 由吴丹编写。另外，王恒心、刘春梅、杨永攀、李承中、蓝红芳也参与了本书的编写。感谢王恒心老师对本书进行了认真审阅。

由于编者水平有限，书中难免存在疏漏和不妥之处，敬请广大读者及专家批评指正。

编　者

2016 年 4 月

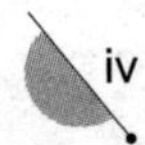

目 录

CONTENTS

项目 1

初识 Flash

Flash 是由美国 Adobe 公司开发的网页动画制作软件，可以制作广告、短片、MTV 和游戏等各种各样的 Flash 动画。该软件由于简单易学、效果流畅、画面生动而受到广大动画爱好者的青睐，本书以 Flash CS6 为例进行介绍。本项目将介绍有关 Flash 动画制作的流程和 Flash 中一些常用的概念，以及常用的面板和工具，使学生对 Flash CS6 有一个全方位的认识。

知识目标

1. 熟悉 Flash CS6 的工作环境。
2. 了解位图与矢量图的区别。

技能目标

1. 理解帧频及其设置技巧。
2. 学会文件的基本操作。
3. 了解 Flash 动画。

任务 1.1　简单制作我的第一个 Flash 作品

任务目标

本任务将首次启动 Adobe Flash CS6，学习文件的基本操作及各种面板的使用方法，如修改文档属性。本任务内容主要为导入素材，对素材图片进行处理并制作成动画效果，最终保存文件并预览发布动画。我的第一个 Flash 作品的最终效果如图 1-1-1 所示。

观看“我的第一个 Flash 作品动画效果”视频，可扫描下面的二维码。

图 1-1-1　我的第一个 Flash 作品的最终效果

我的第一个 Flash 作品动画效果

知识准备

1.1.1　Flash 动画概述

1. Flash 动画的优点

Flash 动画是目前网络上非常流行的一种交互式动画，其之所以受到广大动画爱好者的喜爱，主要有以下几个原因。

1）Flash 以矢量形式处理图片，无论将图片放大多少倍，图片质量都不会受到影响。

2）Flash 采用当今先进的“流”式播放技术，用户可以边下载边观看 Flash 动画，最大限度地解决了网络带宽不足的问题。同时也可以在 Flash 的 ActionScript（简写为 AS）脚本中添加等待程序，使动画在下载完毕后再观看，从而解决了 Flash 动画下载速度慢的问题。

3）与其他强大的多媒体制作工具相比，Flash 动画制作的成本非常低，学习起来快而简便，是人们以最低廉的费用、最快的速度实现制作自己独创动画作品理想的首选工具。

4）Flash 动画具有交互性优势，即用户可以通过单击、选择、输入或按键等方式与 Flash 动画进行交互，从而控制动画的运行过程和结果，更好地满足所有用户的需要，这一点是传统动画无法比拟的。Flash 可以让欣赏者的动作成为动画的一部分。

5）Flash 支持多种文件格式的导入与导出，除了导入图片外，还可以导入视频、音频等。另外，Flash 的导出功能也非常强大，不仅可以输出 Flash（.swf）动画格式，还可以输出 GIF、HTML、JPEG、PNG、AVI、MOV 等多种文件格式。

2. Flash 动画的应用领域

由于包含以上众多优点，因此 Flash 动画能够应用于从网页设计到多媒体宣传等很多领域。Flash 动画不仅在 Internet 上流行，而且随着手机、平板计算机等移动终端的兴起，得到了更加充分的发展。

1）网页广告。Flash 具有独特的技术优势，体积小且具有强大的交互功能，适合在网络平台上播放，它已成为互联网广告制作的主流工具，在网络广告领域具有不可替代的主导地位。使用 Flash 制作的广告，比普通的平面静态广告更加生动，并且能够结合企业或用户宣传的需要，更好地突出宣传主题。常见的 Flash 广告如图 1-1-2 所示。

图 1-1-2　Flash 广告

2）Flash MTV。使用 Flash 制作的 MTV 色彩丰富，可以绘制人物角色和漂亮的动画场景，再配以动听的音乐，尤其适合制作歌曲的 MTV。歌曲《东风破》的 Flash MTV 如图 1-1-3 所示。

（a）

（b）

图 1-1-3　Flash MTV

3）Flash 游戏。借助强大的脚本功能，Flash 可以制作出许多好玩的游戏，因为体积小、传播速度快、画面美观，所以用它制作的游戏主要为网页游戏。图 1-1-4 所示为利用 Flash 制作的两款小游戏的截图。

（a）

（b）

图 1-1-4　Flash 游戏截图

4）电子贺卡。现代互联网通信已经基本取代了传统的通信方式，大大加快了人们的信息交流，可以利用 Flash 制作一个精美、漂亮的电子贺卡，给朋友送去一份温馨的祝福。图 1-1-5 所示为利用 Flash 制作完成的节日贺卡的截图。

（a）

（b）

图 1-1-5　Flash 节日贺卡截图

5）Flash 课件。现代教育技术的发展，使得多媒体课堂教学正走入学生的课堂，发挥着日益重要的作用。一堂多媒体课是否上得好与教师自身有着密切的关系，其中课件的制作也是很重要的。利用 Flash 软件制作的课件大多图文声像并茂，能激发学生的学习兴趣；有较好的交互环境，使学生能够积极参与。Flash 课件容量小、易携带、动画效果好，也便于在网络上传播。图 1-1-6 所示为利用 Flash 制作的课件截图。

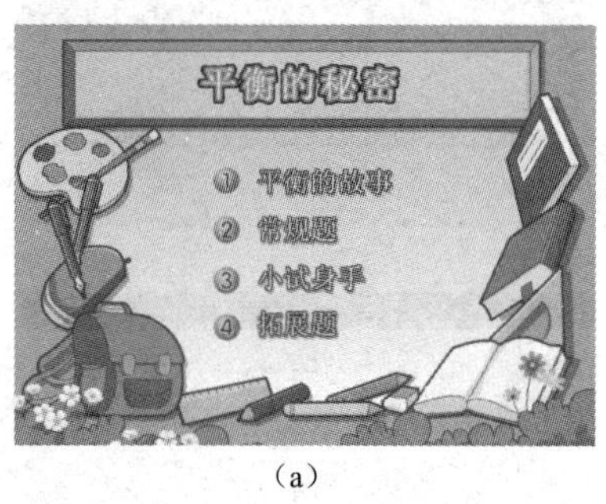

（a）

（b）

图 1-1-6　Flash 课件截图

3. Flash 动画的制作流程

在制作一个出色的动画前，需要对该动画的每一个画面进行精心的策划。首先，利用 Flash、Photoshop 等绘图或图像处理软件绘制图形或编辑处理素材图像，然后将它们制作成动画影像。典型的绘图工具有 Photoshop 和 Illustrator 等，编辑影片文件的工具有 Premier 和 After Effects 等。Flash 是一款既能绘制图形又能编辑影音、图像的简单方便的多媒体动画制作工具。制作 Flash 动画的流程一般可分为如下几步。

1）前期策划。在制作动画之前，要有一个明确的思路或规划，首先要明确制作该动画的目的、主题及主要针对的顾客群。然后根据顾客的需求制定一套完整的设计方案，对动画中出现的人物、动画风格、色调、背景音乐等要素做具体安排。

2）制作素材。在确定设计方案后，根据前期策划有针对性地对具体素材进行收集，或绘制合适的素材。编辑素材时还可以配合使用其他软件，如 Photoshop。如果在该过程中能

收集到比较完整的素材，不仅可以大大提高 Flash 动画的制作速度，还能提升 Flash 动画的质量。

3）制作动画。当前期的准备工作完成以后，就可以制作动画了。动画制作的步骤一般是先创建动画文档，然后导入或绘制动画中需要的素材，创建动画中需要多次使用的元件，再制作相应的动画效果，如逐帧动画、补间动画、引导动画和遮罩动画等。利用 Flash 制作动画是整个流程中最重要的一步，制作出来的动态效果直接关系到最终动画作品的效果。在制作动画时要注意动画中的每个环节，发现动画中的不足应及时调整，精益求精，以求制作出精美的动画作品。

4）调试优化。动画制作完毕后，需对动画进行全方面的调试，调试的目的是使整个动画看起来更加流畅。调试动画主要是针对动画对象的细节、分镜头和动画片段的衔接、声音与动画播放是否同步等进行调整。通过调试优化，可以保证动画作品的最终效果与质量。

5）测试动画。动画制作完成并优化调试后，在不同配置的计算机上对动画进行播放和下载等测试，根据测试结果对动画作品进行调整和修改，保证动画在不同环境下均能良好地播放效果。

6）发布动画。发布动画是 Flash 动画制作流程中的最后一步，需要根据动画的用途、使用环境等进行动画格式、画面品质和声音等的设置。制作用于网络传播的动画作品，还应充分考虑网速对动画播放速度的影响，权衡设置。

1.1.2　Flash CS6 的工作环境

前面介绍了 Flash 的相关知识，下面介绍 Flash CS6 的工作环境。

1. 欢迎界面

双击 Flash CS6 应用软件图标，打开欢迎界面，如图 1-1-7 所示。

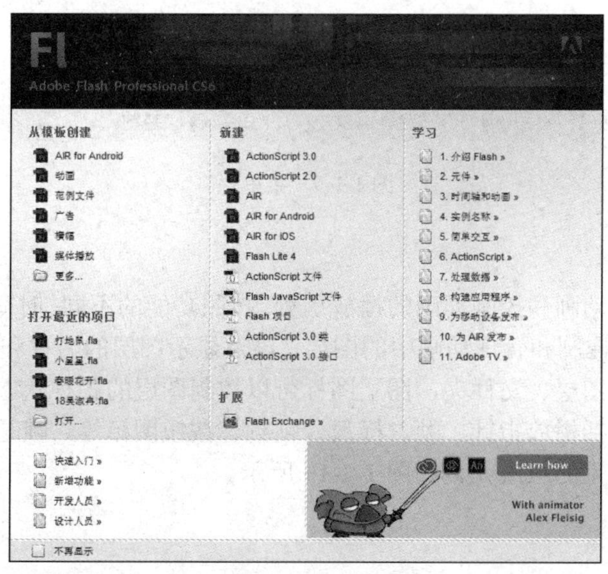

图 1-1-7　欢迎界面

2. 工作界面

Flash CS6 的工作界面主要由菜单栏、时间轴、工具面板、舞台和工作区、属性面板等部分组成，如图 1-1-8 所示。

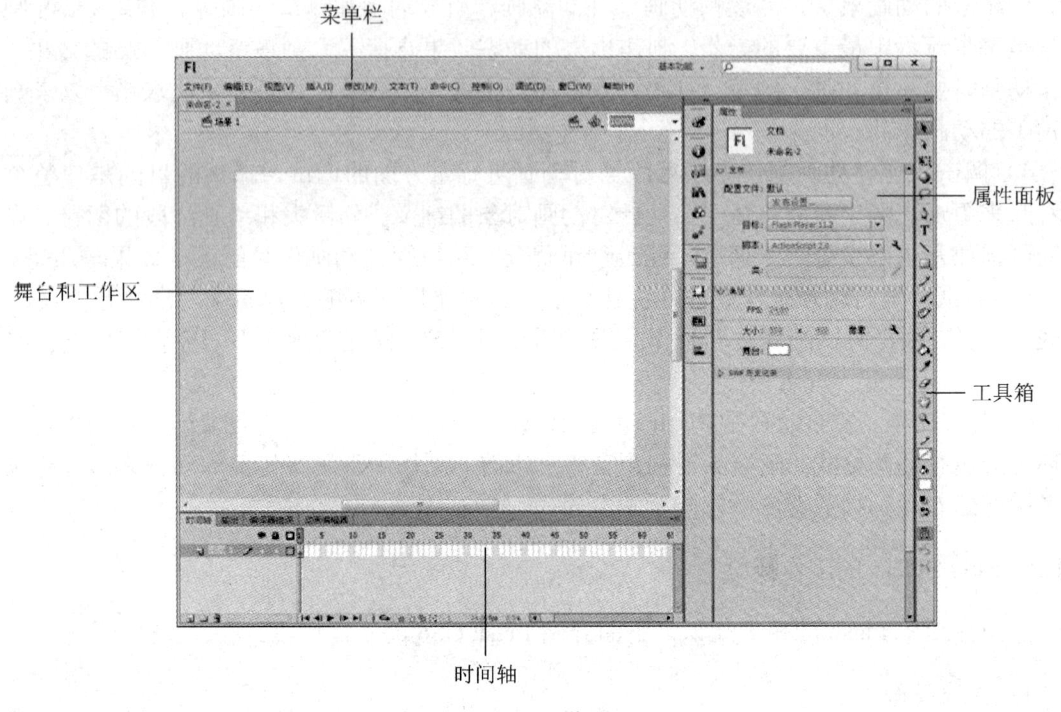

图 1-1-8 工作界面

3. 菜单栏

Flash CS6 的主要功能都可以通过执行菜单中的命令来完成，其菜单栏如图 1-1-9 所示。

文件(F) 编辑(E) 视图(V) 插入(I) 修改(M) 文本(T) 命令(C) 控制(O) 调试(D) 窗口(W) 帮助(H)

图 1-1-9 菜单栏

4. 时间轴

时间轴用于创建动画和控制动画的播放进程。按照功能的不同，时间轴分为左右两部分，左侧为图层区，用于控制和管理动画中的图层，以及显示图层的名称和编辑状态，其中图层按钮用于新建、删除图层、文件夹，图层图标可以控制图层的各种状态，如隐藏、锁定等。右侧为时间轴区，包括播放指针、帧、标尺、帧频、按钮图标等。帧是制作 Flash 动画的重要元素。时间轴中常见的组成元素如图 1-1-10 所示。

5. 工具面板

工具面板主要由工具、查看、颜色、选项等部分组成，可用于绘制、选择、填充、编

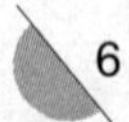

1 所示。各种工具不但具有相应的绘图功能，还可以设置相应的选项

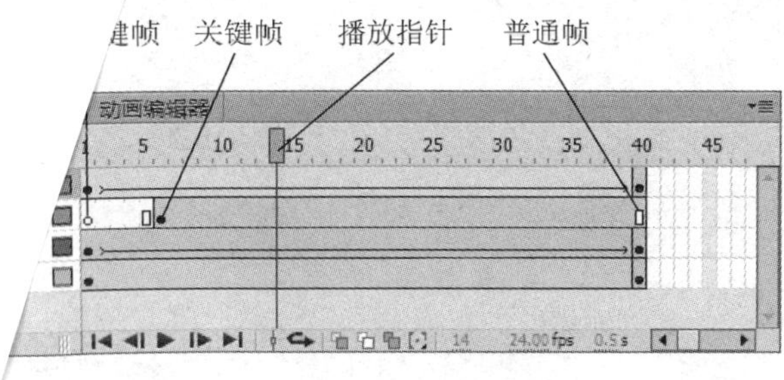

图 1-1-10　时间轴

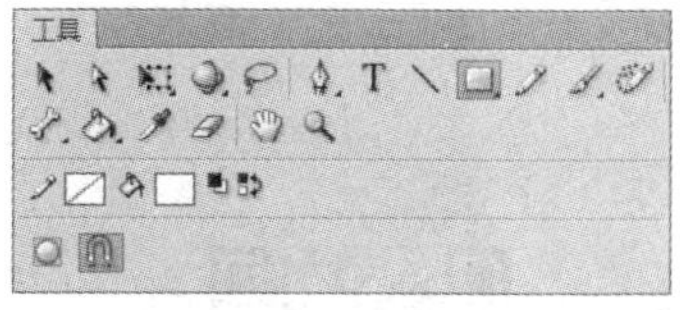

图 1-1-11　工具面板

性面板

面板是一个非常实用而又特殊的面板，可以用来设置绘制对象或其他元素的属性。没有特定的参数选项，会随着选择工具对象的不同而出现不同的参数，如对于矩形可以对填充和笔触进行设置，如图 1-1-12 所示。

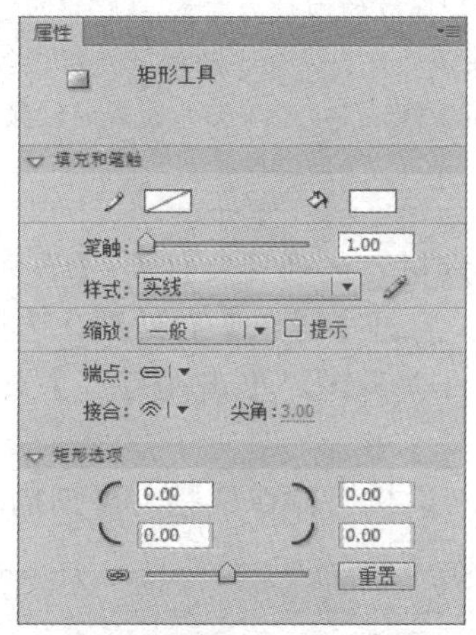

图 1-1-12　属性面板

任务实施

1. 新建 Flash 文档

01 启动 Flash CS6，选择【文件】/【新建】命令或按 Ctrl+N 组合键，或在欢迎界面的“新建”选项组中进行选择，新建 Flash 文档。

02 在【新建文档】对话框中修改文档的尺寸为 1024 像素×700 像素，设置帧频为“12.00”帧（fps），背景颜色为白色，如图 1-1-13 所示。

观看“新建文档”操作视频，可扫描下面的二维码。

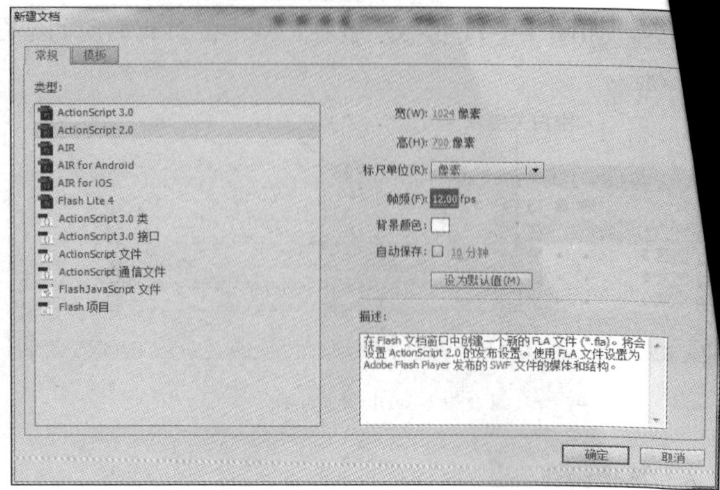

新建文档

图 1-1-13　设置文档属性

知识链接

帧频指动画播放的速度，以每秒播放的帧数为度量。帧频的设置直接影响动画播放的效果，帧频太慢会使动画看起来一顿一顿的，帧频太快会使动画的细节变得模糊。在 Web 上，采用每秒 12 帧(fps)的帧频通常会得到最佳的效果。QuickTime 和 AVI 影片通常的帧频就是 12 帧（fps），但是标准的运动图像帧频是 24 帧（fps）。

导入素材

03 导入素材。选择【文件】/【导入】/【导入到舞台】命令，或按 Ctrl+R 组合键，打开【导入】对话框，选择图片位置，在文件列表中选择需要导入的文件“1-1”，单击【打开】按钮，将图片文件导入舞台，如图 1-1-14 所示。

观看“导入素材”操作视频，可扫描左侧的二维码。

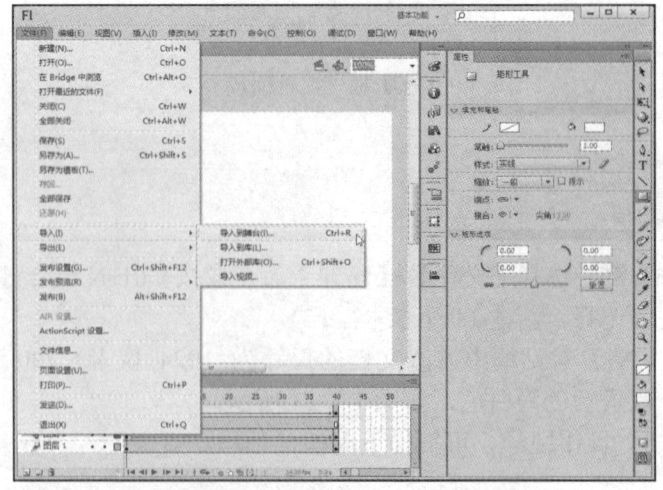

图 1-1-14　导入素材

图 1-1-14　导入素材（续）

小提示

【导入到舞台】命令与【导入到库】命令的区别

【导入到舞台】命令是将导入的图片导入库并自动添加到舞台上，相当于一次执行了两步操作，这是使用最多的导入方式；【导入到库】命令是将要导入的图片放置在库面板中，需要时再手动将素材从库面板中拖动到舞台上。

2. 制作动画效果

01 在工具面板中单击【文本工具】按钮 **T**，将鼠标指针移动至舞台合适的位置，单击并输入文字“找春天”，然后选中输入的文本，在属性面板中设置字体为“华文行楷”，大小为“100.0”，颜色为#006600，如图 1-1-15 所示。

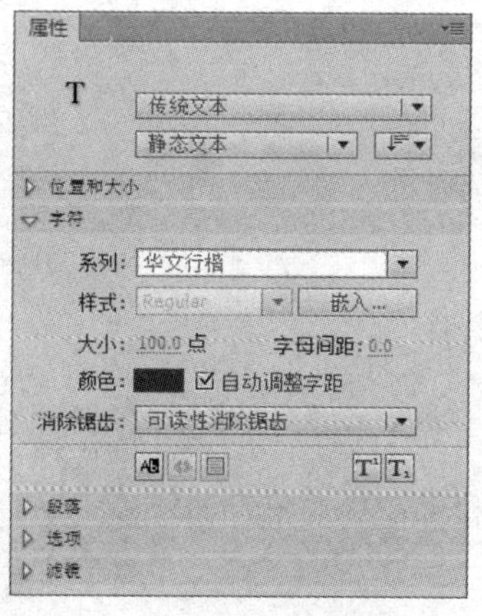

图 1-1-15　设置文本样式

02 选中输入的文字，按 Ctrl+B 组合键打散文本，各个文本即变为单独的文本，修改各单独文本的位置，如图 1-1-16 所示。

03 将“图层 1”重命名为“背景”。在时间轴中单击【新建】按钮，新建一个图层，将图层命名为“小鸭子”，分别在该图层的第 1～10 帧处按 F6 键插入关键帧，如图 1-1-17 所示。在【背景】图层第 10 帧处按 F5 键插入普通帧。

(a)

(b)

图 1-1-16 调整文本位置

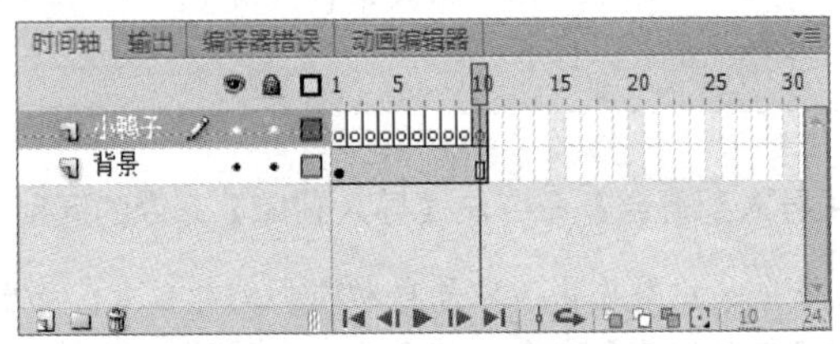

图 1-1-17 设置图层及关键帧

04 导入素材。选择【文件】/【导入】/【导入到库】命令，打开【导入】对话框，选择图片位置，在文件列表中选择需要导入的文件“1-1 image1.png”～“1-1 image10.png”，单击【打开】按钮，将图片文件导入库，再分别将库面板中的图片拖动至【小鸭子】图层中的第 1～10 帧处，调整图片位置，如图 1-1-18 所示。

图 1-1-18 导入素材

知识链接

视觉残（暂）留现象

视觉印象在人的眼中大约可保持 0.1s。如果两个视觉印象之间的时间间隔不超过 0.1s，前一个视觉印象尚未消失，而后一个视觉印象已经产生，并与前一个视觉印象融合在一起，就形成了视觉残（暂）留现象。利用人眼的视觉残留作用，将一幅幅有序的画面通过一定的速度连接播放即可形成动画效果。

3. 保存、预览并发布动画

（1）保存文件

选择【文件】/【保存】命令，或按 Ctrl+S 组合键，打开【另存为】对话框，选择保存位置，在【文件名】下拉列表框中输入文件名称“1-1 我的第一个 Flash 作品”，最后单击【保存】按钮，即可完成 Flash 文件的保存，如图 1-1-19 所示。

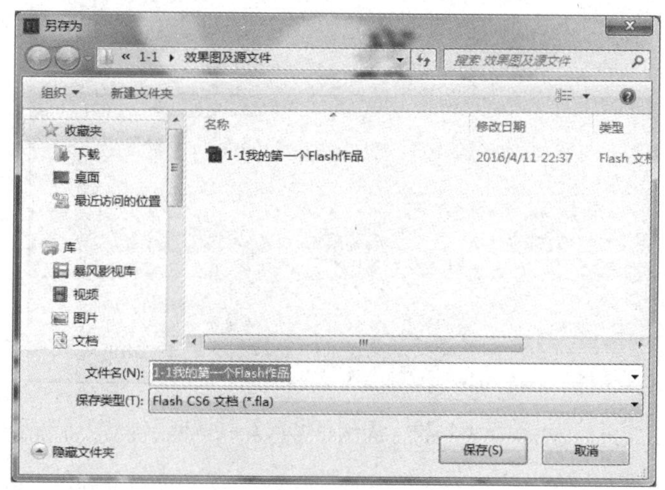

图 1-1-19　保存文件

（2）预览动画

按 Enter 键可以预览动画效果，但如果 Flash 动画是脚本动画，则无法进行动画的预览。此时可以选择测试影片，选择【控制】/【测试影片】/【测试】命令，或按 Ctrl+Enter 组合键，Flash CS6 会调用播放器来测试整个影片，起到预览的作用。

小提示

通过【测试】命令，Flash CS6 会在文件的同一个存储路径文件夹中生成一个同名的.swf 文件，该文件可以通过双击单独播放，但是不能使用 Flash 进行再次修改，而.fla 文件作为源文件，可以重新编辑，修改后再生成新的.swf 动画。Flash 源文件（扩展名为.fla）不能插入网页，只有发布后的文件（扩展名为.swf）才能插入网页。

（3）发布动画

选择【文件】/【发布设置】命令，或按 Ctrl+Shift+F12 组合键，打开【发布设置】对话框，发布的类型可以选择 Flash、HTML 包装器、GIF 图像、JPEG 图像、PNG 图像等，如图 1-1-20 所示。

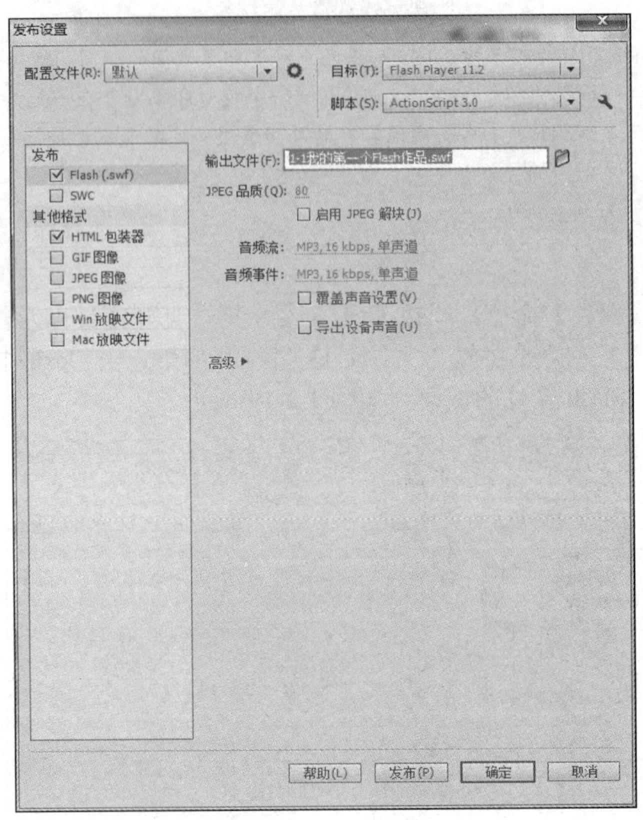

图 1-1-20 【发布设置】对话框

任务小结

本任务通过一个简单动画的制作，使学生认识了 Flash CS6 的工作环境；通过文档的创建、导入素材、输入文字、制作动画效果等，使学生了解了 Flash CS6 动画制作的基本流程。在制作动画的过程中，可以通过使用菜单命令，了解各种面板的功能，熟悉工具的使用方法。

任务 1.2 简单制作生日贺卡动画效果

任务描述

本任务将在 Adobe Flash CS6 中导入各种图片素材，通过标尺、网格等工具来辅助定位，结合 Flash 工作环境的个性化设计与辅助工具的使用等知识，介绍 Flash 动画中的常用术语、位图与矢量图、输出影片格式等。生日贺卡的最终效果如图 1-2-1 所示。

观看“生日快乐动画效果”视频，可扫描下面的二维码。

（a）

（b）

图 1-2-1　生日贺卡的最终效果

生日快乐动画效果

知识准备

1.2.1　设置工作环境

1. 设置舞台属性

新建的 Flash 文档，其默认的舞台颜色为白色，大小为 550 像素×400 像素，而通常制作的 Flash 动画，根据不同的需求会有不同的大小和背景颜色，如图 1-2-2 所示。

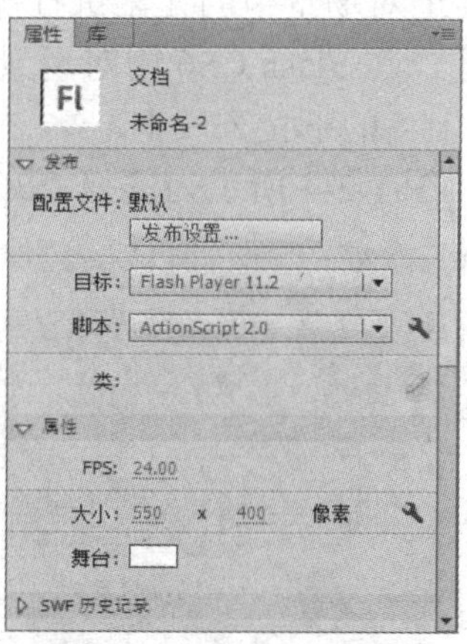

图 1-2-2　设置舞台属性

知识链接

像　素

像素是构成数码影像的基本单元，通常以像素每英寸（pixels per inch，PPI）为单位表示影像分辨率的大小。例如，300PPI × 300PPI 分辨率，即表示水平方向与垂直方向每英寸长度上都是 300 像素，也可表示为一平方英寸内有 9 万（300 × 300）像素。若把影像放大数倍，会发现这些连续色调其实是由许多色彩相近的小方点所组成的，这些小方点就是构成影像的最小单元——像素。这种最小的图形单元在屏幕上显示通常是单个的染色点。像素越高，其拥有的色板越丰富，能表达的效果越逼真。

2. 显示场景

场景是制作 Flash 动画的场所，也就是常说的舞台，是编辑和播放动画的矩形区域，如图 1-2-3 所示。场景可以不止一个，要查看场景，可以选择【视图】/【转到】命令，再在子菜单中选择场景的名称。

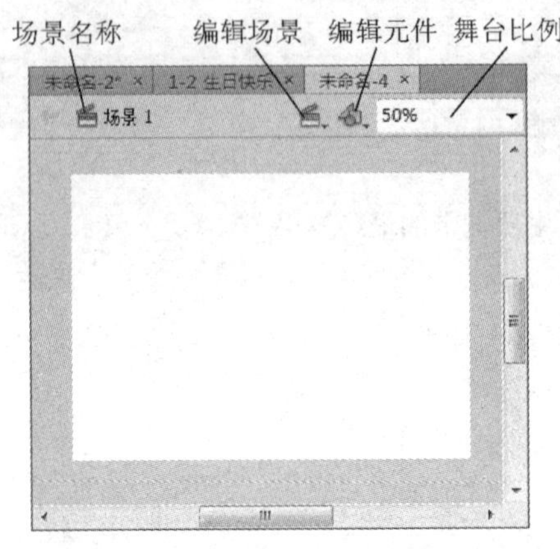

图 1-2-3　场景

在制作过程中，为了能更方便地对场景中的元素进行操作，在制作动画过程中，需要对场景进行移动、放大和缩小等操作。在 Flash CS6 中对场景的操作方法如下。

1）在工作界面中单击场景右上角的下拉列表框 100% 右侧的按钮▾，在弹出的下拉列表框中选择相应的显示比例，图 1-2-4 所示为选择“200%”选项后的效果。

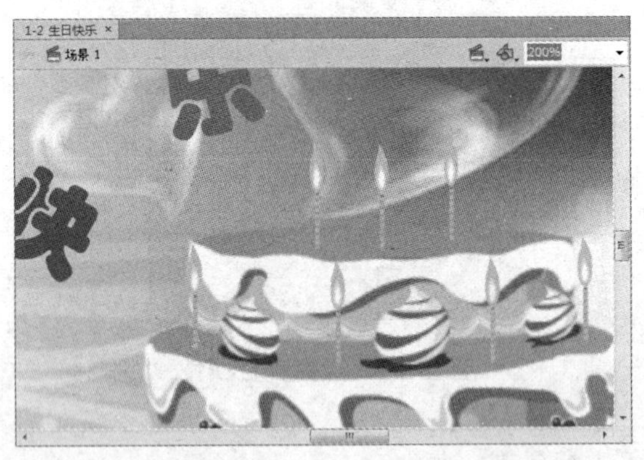

图 1-2-4　调整显示比例

2）在工具面板中单击【缩放工具】按钮，将鼠标指针移动到场景中，单击即可将场景放大。在工具面板下方的选项区域中单击【放大】按钮或【缩小】按钮，即可将场景放大或缩小。

3）场景放大后，如果需要编辑的图形部分在显示窗口中无法查看，可在工具面板中单击【手形工具】按钮，按住鼠标左键不放并拖动，即可移动场景。

3. 调整面板

在 Flash 动画的制作过程中，经常会使用不同的面板。在使用这些面板的过程中，可能会因为打开的面板太多而影响动画的制作，此时可以对面板的位置进行调整。

1）展开和折叠面板。默认情况下，Flash 的很多面板都呈折叠状态，如果需要把折叠的面板全部展示，可单击面板右上方的【展开面板】按钮。当面板展开后，该按钮将变为【折叠为图标】按钮，单击即可折叠面板，如图 1-2-5 所示。

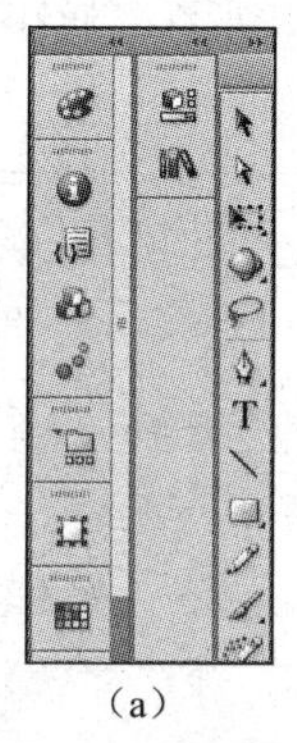

（a）

（b）

图 1-2-5　展开面板和折叠面板

2）Flash 中的面板不仅可以进行展开和折叠操作，还可以随意移动面板的位置，其方法是：移动鼠标指针至面板的名称上，按住鼠标左键不放并拖动鼠标，即可移动该面板于任意位置。如果将面板拖动至其他面板的边缘，当该边缘出现蓝色框线时，再释放鼠标，该面板即可吸附在其他面板的旁边。

4. 新建工作区

新建工作区即根据不同的需要或个人的使用习惯，对 Flash 的面板位置进行调整，并显示其他一些面板，然后对调整后的工作区进行保存，即可成为新建的工作区。

单击标题栏右侧的【基本功能】下拉按钮，在弹出的下拉列表框中可以选择不同的工作区模式，如动画、传统、基本功能等，如图 1-2-6 所示。

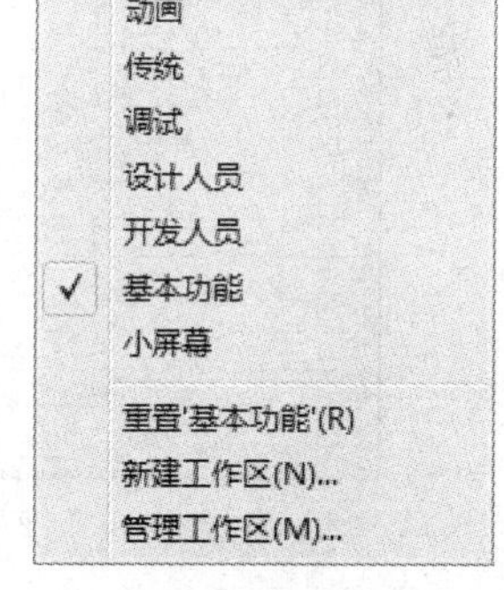

图 1-2-6　各工作区模式

1.2.2　使用辅助工具

在制作 Flash 动画的过程中，场景中的元素可以随意地摆放在场景中的任意位置，如何将场景中不同的元素进行定位，这需要使用一些辅助工具。下面分别对这些辅助工具进行介绍。

1. 标尺

默认情况下标尺是关闭的，启用后，标尺会显示在场景的左侧和上侧，分别用于标示场景中指定元素的高度和宽度。使用标尺的方法是选择【视图】/【标尺】命令，或按

Ctrl+Shift+Alt+R 组合键。标尺的度量单位为像素，若需要修改度量单位，可选择【修改】/【文档】命令，在打开的【文档设置】对话框中设置标尺单位，如图 1-2-7 所示。

2. 网格

网格指舞台上横竖交错的网状图案，在设计动画中各个元素时，网格也是一个非常有用的辅助工具。选择【视图】/【网络】/【显示网络】命令，即可显示网格。默认情况下，网格是间隔 10 像素的灰色线条，可以根据需要进行设置，其方法是：选择【视图】/【网络】/【编辑网络】命令，在打开的【网格】对话框中即可设置网格的颜色、显示状态和间距等，如图 1-2-8 所示。

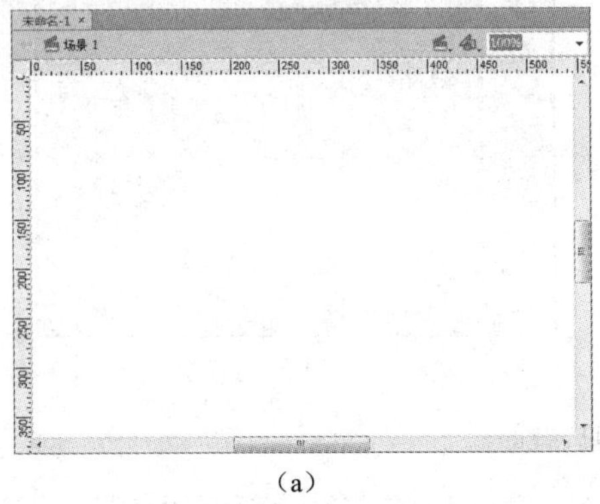

（a）

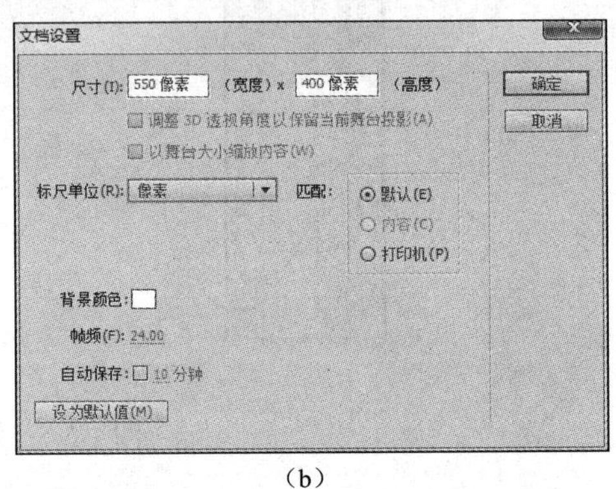

（b）

图 1-2-7　标尺的显示与单位设置

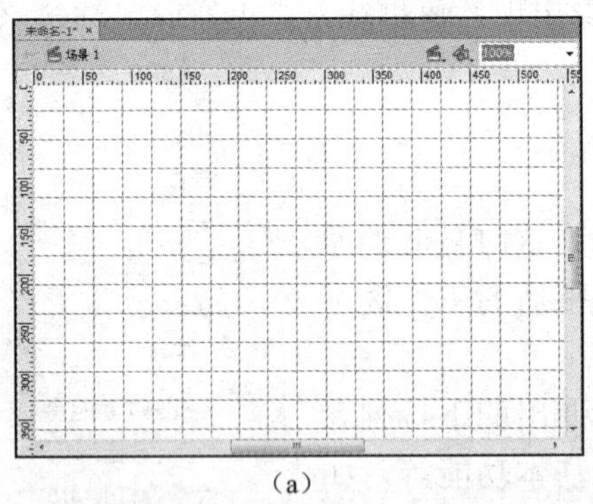

（a）

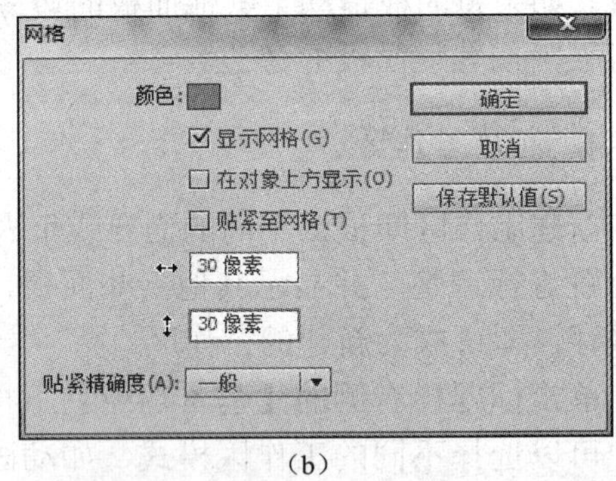

（b）

图 1-2-8　网格的显示与编辑

3. 辅助线

辅助线与网格类似，是一种横竖交错的线条，用于在文档中辅助定位元素的位置，但与网格相比，辅助线是一种很人性化的辅助工具，因为可以根据需要设置辅助线显示的数量及位置。想要显示辅助线，首先需要将标尺打开，然后将鼠标指针移动至标尺上，按住鼠标左键不放并拖动鼠标，即可添加一条辅助线。辅助线为淡蓝色的线条，若需要设置辅助线的颜色，可选择【视图】/【辅助线】/【编辑辅助线】命令，在打开的【辅助线】对话框中单击【颜色】色块，即可设置辅助线的颜色，如图 1-2-9 所示。当不需要某一条辅助线时，将辅助线拖动至场景外，便可将该辅助线删除，还可以选择【视图】/【辅助线】/【清除辅助线】命令，一次性地删除所有辅助线。

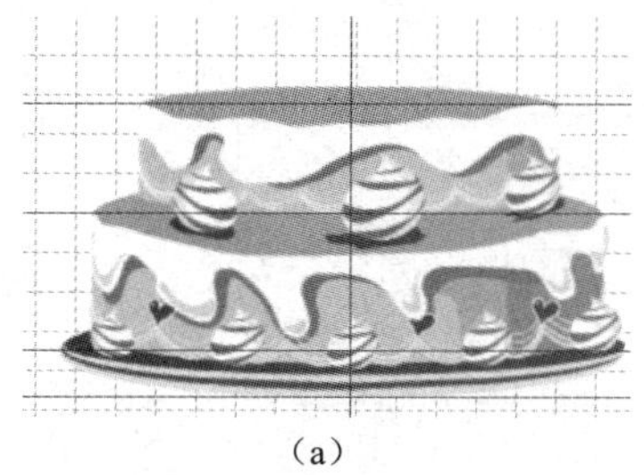

（a）

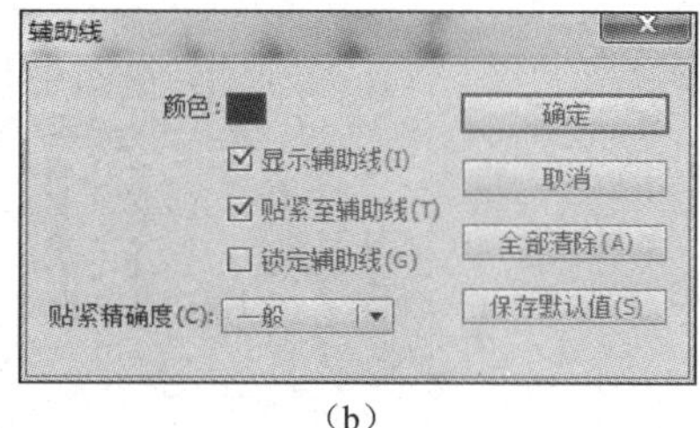

（b）

图 1-2-9　辅助线的显示与编辑

任务实施

1. 打开 Flash 文档，创建图层

01 启动 Flash CS6，选择【文件】/【打开】命令或按 Ctrl+O 组合键，打开如图 1-2-10 所示的【打开】对话框，选择文件后，单击【打开】按钮即可。

小提示

在【打开】对话框中可以一次打开多个文件，只要在文件列表中将所需的几个文件选中后单击【打开】按钮，系统就将逐个打开这些文件。在【打开】对话框中，按住 Ctrl 键的同时单击，可以选择不连续的文件；按住 Shift 键的同时单击，可以选择连续的文件。

02 选择【视图】/【标尺】命令，打开标尺，根据需要分别设置几条横竖辅助线。

03 选择【窗口】/【库】命令，或按 Ctrl+L 组合键，调出库面板。在库面板中选择“1-2-01.png”图片，将其拖动至舞台中央，或选择【修改】/【对齐】命令，居中对齐，如图 1-2-11 所示。

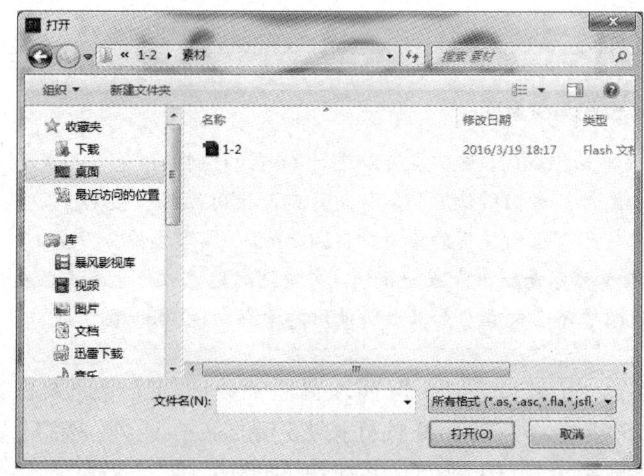

图 1-2-10　打开文件

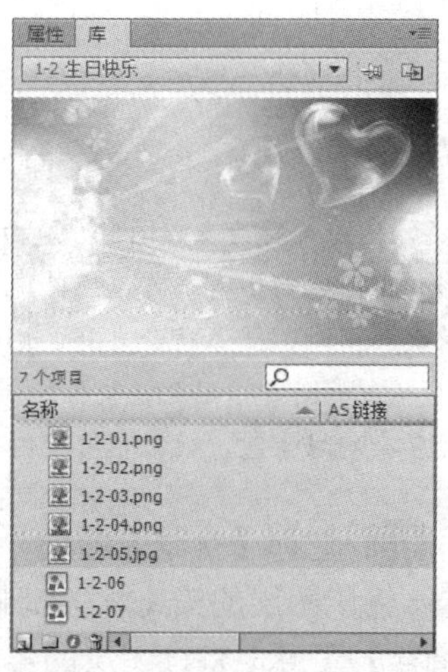

图 1-2-11　库面板

04 将“图层 1”重命名为“背景”。在时间轴面板下方单击【新建】按钮，新建多个图层，并分别将图层命名为“卡通人物”“生日蛋糕”“生日蜡烛”“文字”等，如图 1-2-12 所示。

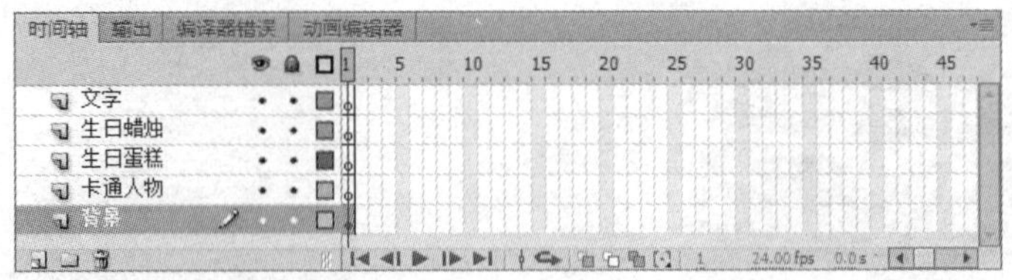

图 1-2-12　创建图层

2. 布置动画场景

01 再次调出库面板。选择【背景】图层，在库面板中选择“1-2-07”图形元件，将其拖动至舞台的合适位置。选择【卡通人物】图层，在库面板中选择“1-2-01.png”图片或其他相应的图片，将其拖动至舞台的合适位置。在工具面板中单击【任意变形】工具按钮，调整图片的大小及位置。用同样的方法，分别将其他图形元素，如“1-2-04.png”“1-2-06”等拖动至舞台的合适位置，如图 1-2-13 所示。

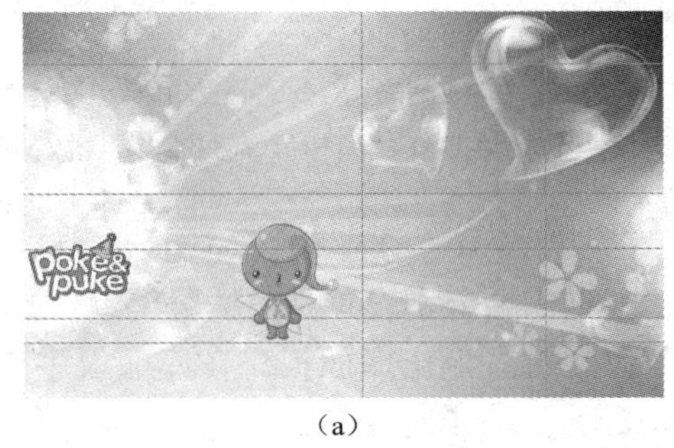

（a）

（b）

图 1-2-13　“背景”“卡通人物”等效果图

知识链接

位图与矢量图

位图又称为点阵图像，是由称为像素的单点组成的，这些点可以进行不同的排列和染色以构成图形。位图色彩丰富，可以完美地表现复杂的图像。我们所使用的各种图片都是使用位图来表现的，当放大位图时，图像将会失真，影响显示效果，如以上所使用的素材“1-2-02.png”图形文件。

矢量图是根据几何特性绘制的图形，矢量可以是一个点或一条线，矢量图只能靠软件生成，在表现复杂的场景时，效果不及位图，但放大后图像不会失真，如以上所使用的素材“1-2-06”图形元件。

02 选择【背景】图层，在该图层第 60 帧处按 F5 键插入普通帧；选择【卡通人物】图层，将该图层的第 1 帧关键帧拖至第 5 帧处，并在第 60 帧处按 F5 键插入普通帧；选择【生日蛋糕】图层，将该图层的第 1 帧关键帧拖至第 10 帧处，并在第 60 帧处按 F5 键插入普通帧；选择“生日蜡烛”图层，将该图层的第 1 帧关键帧拖至第 15 帧处，并在第 17 帧处按

F6 键插入关键帧，再次将“1-2-06”图形元件拖动至舞台的合适位置，用同样的方法依次在第 19 帧、第 21 帧、第 23 帧、第 25 帧、第 27 帧处进行操作，最后在第 60 帧处按 F5 键插入普通帧。“生日蛋糕”和“生日蜡烛”效果图如图 1-2-14 所示，“卡通人物”“生日蛋糕”“生日蜡烛”的时间轴设置如图 1-2-15 所示。

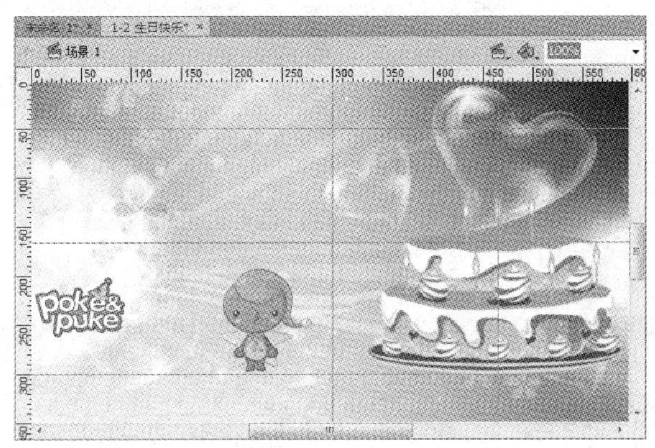

图 1-2-14　“生日蛋糕”和“生日蜡烛”效果图

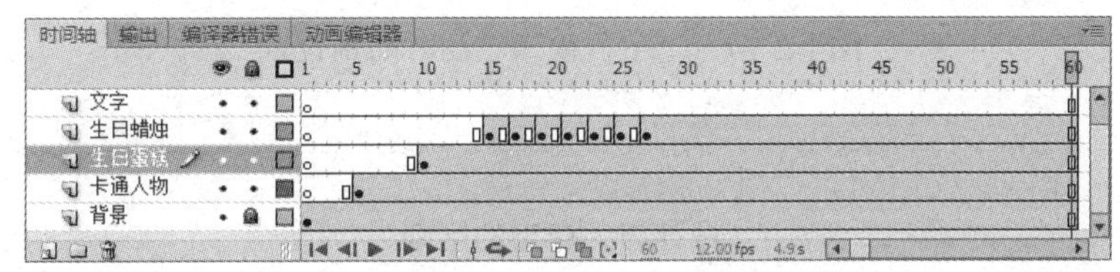

图 1-2-15　“背景”“卡通人物”“生日蛋糕”“生日蜡烛”的时间轴设置

03 选择【文字】图层，在第 6 帧处按 F6 键插入关键帧。在工具面板中单击【文本工具】按钮 T，将鼠标指针移动至舞台合适的位置，单击并输入文字“亲爱的小米”，然后选中输入的文本，在属性面板中设置字体为“华文行楷”，大小为“25”，颜色为“#660033”，在第 10 帧处按 F6 键插入关键帧，输入文字“生”，设置字体为“华文琥珀”，大小为“50”，颜色自定。用同样的方法分别在第 15 帧、第 20 帧、第 25 帧处按 F6 键插入关键帧，输入“日”“快”“乐”，设置字体为“华文琥珀”，大小为“50”，颜色自定。在第 30 帧处按 F6 键插入关键帧，输入文字“你的朋友：Amy”，设置字体为“华文行楷”，大小为“25”，颜色为“#660033”。最后在第 60 帧处按 F5 键插入普通帧。“生日快乐”效果图如图 1-2-16 所示，“生日快乐”的时间轴设置如图 1-2-17 所示。

3. 保存、预览并导出影片

（1）保存文件

选择【文件】/【保存】命令，或按 Ctrl+S 组合键，打开【另存为】对话框，选择保存位置，在【文件名】下拉列表框中输入文件名称“生日快乐”，最后单击【保存】按钮即可完成 Flash 文件的保存。若既要保留修改过的文件，又不想放弃原来的文件，可以选择【文件】/【另存为】命令，弹出【另存为】对话框，在对话框中可以为更改过的文件重新命名、选择存储的路径、设定保存类型，然后进行保存。

图 1-2-16 “生日快乐”效果图

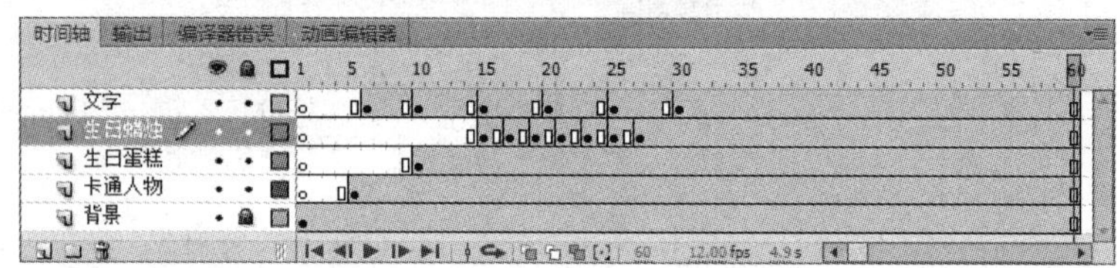

图 1-2-17 “生日快乐”的时间轴设置

小提示

保存与另存为的区别

当设计好作品进行第一次存储时，选择【保存】命令，打开【另存为】对话框；当对已经保存过的动画文件进行各种编辑操作后，选择【保存】命令，将不再打开【另存为】对话框，系统将直接保留最终确认的结果，并覆盖原始文件。因此在未确定是否放弃原始文件之前，应慎用此命令。

（2）预览动画

按 Enter 键可以预览动画效果，但如果 Flash 动画是脚本动画则无法进行动画的预览。此时可以选择测试影片，选择【控制】/【测试影片】/【测试】命令，或按 Ctrl+Enter 组合键，Flash CS6 会调用播放器来测试整个影片，起到预览的作用。

（3）导出影片

选择【文件】/【导出】/【导出影片】命令，或按 Ctrl+Alt+Shift+S 组合键，打开【导出影片】对话框，保存类型选择“PNG 序列（*.png）”，以导出影片，也可以导出其他各种视频格式，如图 1-2-18 所示。

观看“生日快乐”操作视频，可扫描下面的二维码。

知识链接

Flash CS6 可以输出多种格式的动画或图形文件，一般包含以下几种常用类型。

1）SWF 影片（.swf）：浏览网页时常见的动画格式，具有动画、声音和交互等功能，需要在浏览器中安装 Flash 播放器插件才能观看。

2）Windows AVI（.avi）：标准的 Windows 影片格式，是一种用于在视频编辑应用程序中打开 Flash 动画的格式。由于 AVI 是基于位图的格式，因此如果包含的动画很长或者分辨率比较高，文件量就会很大，将 Flash 文件导出为 Windows 视频时，会丢失所有的交互性。

3）WAV 音频（.wav）：将动画中的音频对象导出，并以 WAV 声音文件格式保存，可以设置导出声音的取样频率、比特率及立体声或单声。

4）GIF 动画（.gif）：网页中常见的动态图标大部分是 GIF 动画形式，它由多个连续的 GIF 图像组成。Flash 动画时间轴上的每一帧都会变为 GIF 动画的一幅图片。GIF 动画不支持声音和交互。

5）PNG 序列（.png）：一种可以跨平台支持透明度的图像格式，可以作为序列文件导入其他视频处理软件中进行操作。

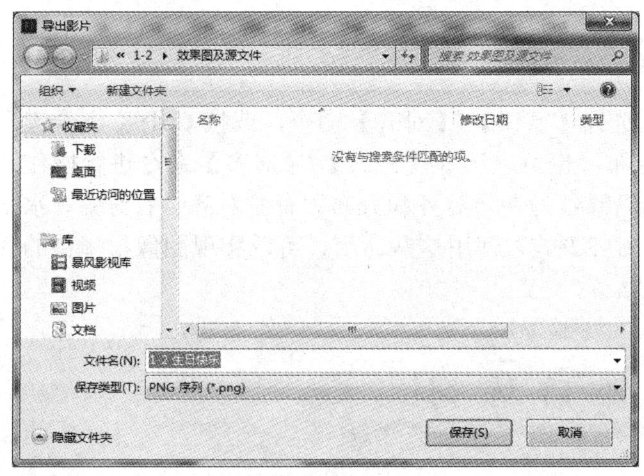

图 1-2-18　导出影片

生日快乐

任务小结

本任务通过一个生日贺卡的制作，使学生熟悉了 Flash CS6 文件的基本操作、文档的打开及保存、影片的导出等。可以根据个人的需求设置工具环境，利用辅助工具大大提高了图形绘制的水平。在制作生日贺卡的过程中，使学生知道了 Flash 的场景与舞台，了解了像素、位图与矢量图等概念。

拓 展 知 识

1. 如何安装 Flash CS6

要使用 Flash CS6 进行动画制作，首先要安装 Flash CS6。安装 Flash CS6 之前需要准备 Flash CS6 的安装光盘，或者从网上下载 Flash CS6 的安装文件。安装 Flash CS6 的方法与安装普通应用程序一样，双击“Set-up.exe”文件启动安装程序，并根据程序提示进行相应的操作即可。

Adobe 公司为了方便用户了解并使用 Flash CS6，提供了软件的试用版安装包，用户可以登录网址 http://www.Adobe.com/cn 找到 Flash CS6 的试用版，下载即可使用。该软件的试用期是 30 天，到期后用户需要购买才能继续使用。

2. Flash CS6 的配置要求

Microsoft Windows XP、Windows Vista、Windows 7 操作系统，1GB 可用硬盘空间；安装过程中需要额外的可用空间（无法安装在基于闪存的可移动存储设备上）；1024 像素×768 像素屏幕（推荐 1280 像素×800 像素），配备符合条件的硬件加速 OpenGL 图形卡、16 位颜色和 256MB VRAM。

3. 如何对图像进行对齐操作

当动画中存在多个对象时，可以选择【窗口】/【对齐】命令，或按 Ctrl+K 组合键，使用对齐面板实现多个对象的排列和分布，也可以选择【修改】/【对齐】命令进行操作。勾选【与舞台对齐】复选框，使用对象以舞台为参照对齐和分布。有左对齐、右对齐、水平居中、顶对齐、垂直居中和底对齐 6 种对齐方式，使用这些命令，可以实现图像与舞台的各种对齐效果。

课 后 练 习

1．新建一个 Flash 文档，对工作界面进行如题图 1-1 所示的设置。

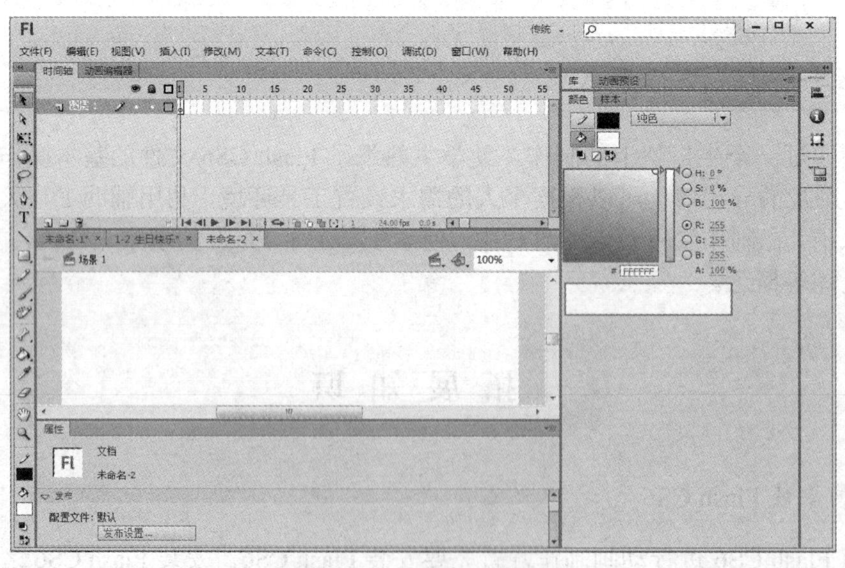

题图 1-1 设置工作界面

2．创建一个 Flash 文档，文档尺寸为 630 像素×188 像素，并导入素材图像，制作题图 1-2

所示动画效果，分别发布为 SWF、HTML、GIF、JPEG、PNG 序列文件等。

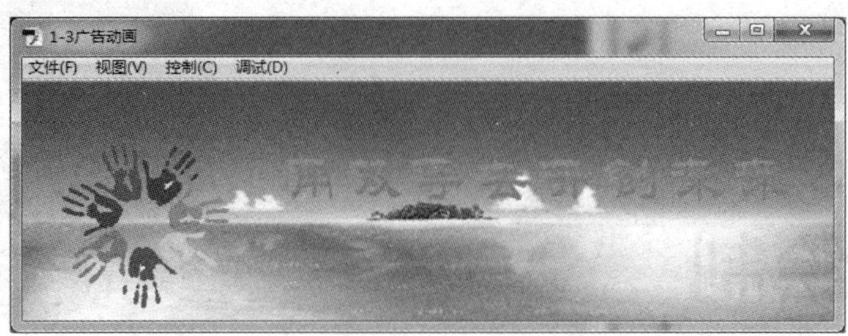

题图 1-2　动画效果

图形的绘制

在 Flash 中所绘制的是矢量图，矢量图用线来勾勒形状，用色块来填充颜色。矢量图由被称为矢量的数学对象定义的线条和曲线组成，这些矢量还包括颜色和位置属性。矢量图和位图有本质的区别。本项目将介绍几个通过基本形状工具的使用完成图形绘制的案例,以期为后期制作 Flash 动画打下良好的绘图基础。

知识目标

1. 了解基本图形的绘制方法。
2. 掌握矩形、椭圆、多边形及星形等创建规则形状工具的使用方法。
3. 掌握直线、线条、铅笔、钢笔等创建不规则形状工具的使用方法。

技能目标

1. 能使用矩形、椭圆、直线、钢笔等工具绘制图形。
2. 能使用填充工具为图形填充颜色。
3. 能使用任意变形工具、选择工具对图形进行编辑。

任务2.1　绘制气象图标

任务描述

日常媒体中经常出现一些精致的矢量图标，使用Flash绘图工具可以制作出矢量图标。本任务将讲解如何通过Flash中的形状工具、选择工具、任意变形工具、填充工具等一系列工具的使用，实现图标的绘制。气象图标的最终效果如图2-1-1所示。

（a）　（b）

图2-1-1　气象图标的最终效果

知识准备

选择工具的四种状态包括：①正常状态；②可对折点进行编辑；③可对图形进行由直线变为曲线的操作；④可移动图形，如图2-1-2所示。

1. 正常状态

这是选择工具的默认状态，单击【选择工具】按钮，在舞台中选择工具就是一个黑色的箭头，在这个黑色箭头右下角有一个虚线的长方形（图2-1-3）。

图2-1-2　选择工具的四种状态　　图2-1-3　具体操作中选择工具的四种状态

2. 可对折点进行编辑

将选择工具移动到线段的一端，或者两条线段的连接折角处，选择工具的黑色箭头右下角会有一个折线的标记（图2-1-3），这时可以对折点进行编辑。

3. 可对图形进行由直线变为曲线的操作

将选择工具移动到线段上，黑色箭头的右下角会有一个弯曲线段的标记（图2-1-3），这时可以对图形进行由直线变为曲线的操作。

4. 可移动图形

将选择工具移动到图形上，黑色箭头的右下角会出现一个四个方向的箭头标记(图 2-1-3)，这时可以移动图形的位置。

任务实施

01 启动 Flash CS6，选择【文件】/【新建】命令或按 Ctrl+N 组合键，或在欢迎界面中的“新建”选项中进行选择，新建 Flash 文档。修改文档的尺寸为 550 像素×400 像素，设置帧频为“12.00”帧（fps），背景颜色为白色，单击【确定】按钮，如图 2-1-4 所示。

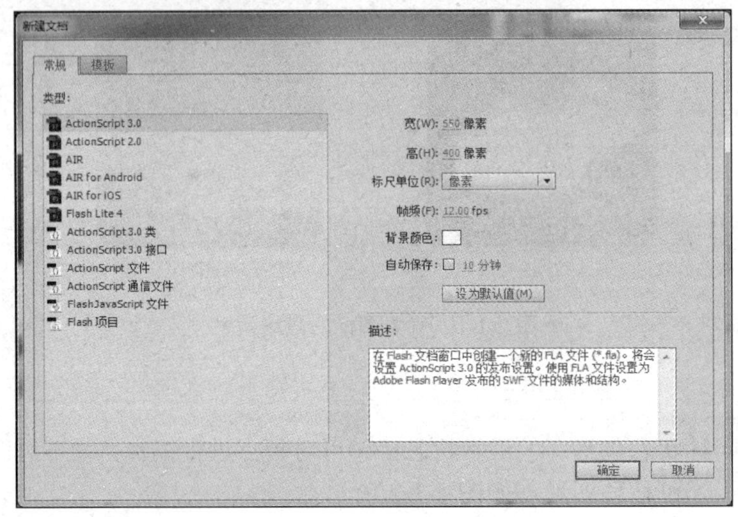

图 2-1-4　新建文档

02 选择【文件】/【保存】命令，或按 Ctrl+S 组合键，打开【另存为】对话框，选择保存位置，在【文件名】下拉列表框中输入文件名称“气象图标”，最后单击【保存】按钮即可完成 Flash 文件的保存，如图 2-1-5 所示。

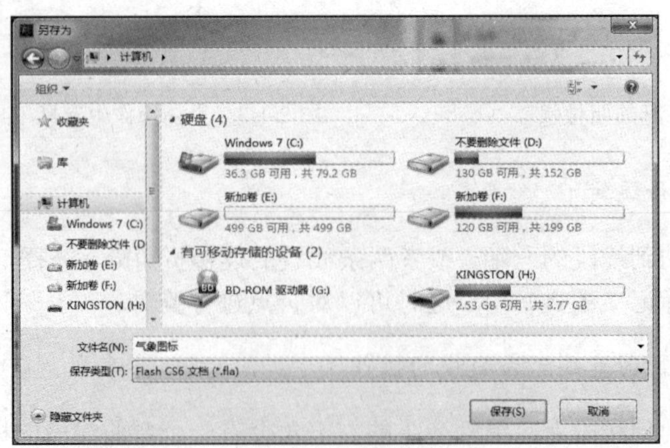

图 2-1-5　保存文档

小提示

为了方便制图过程中的操作，部分图形可以转化为元件，以防止图形间的干扰。

03 将“图层 1”重命名为“晴天”。在工具面板中单击【矩形工具】按钮，设置笔触颜色为无色，填充颜色为“#D4D4D4”。在场景 1 中绘制一个 100 像素×100 像素的圆角矩形。

04 矩形工具的属性面板中，若保持矩形边角半径的默认数值为“0.00”，绘制出的矩形是直角矩形，如图 2-1-6 所示。

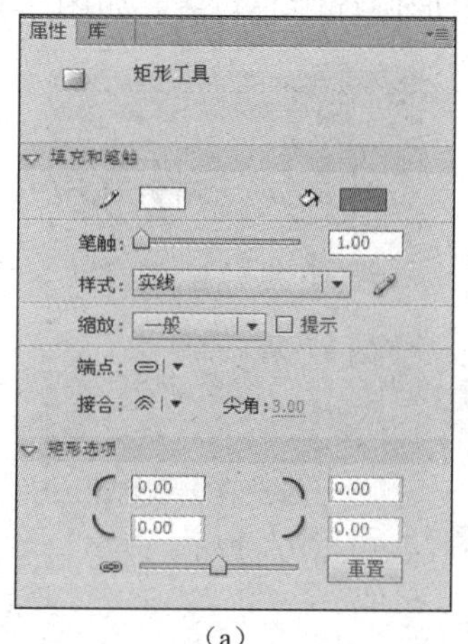

（a）

（b）

图 2-1-6　直角矩形

05 若要绘制出圆角矩形，需要将矩形工具属性面板中的矩形边角半径的数值设置为“10.00”，如图 2-1-7 所示。

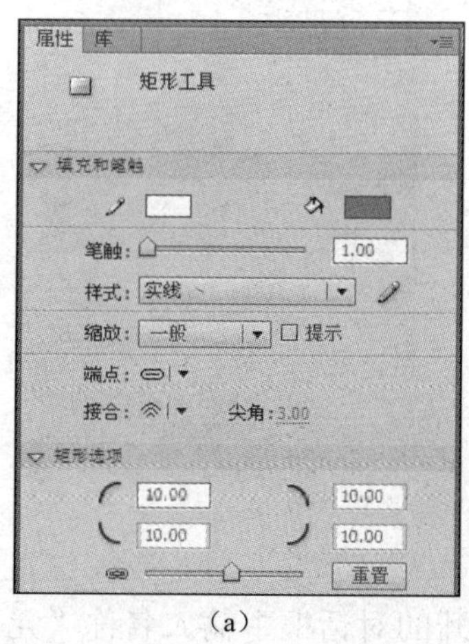

（a）

（b）

图 2-1-7　圆角矩形

06 在工具面板中单击【椭圆工具】按钮，填充颜色为“#E2A904”，笔触颜色为无色，按 Shift 键绘制一个 70 像素×70 像素的正圆，如图 2-1-8 所示。

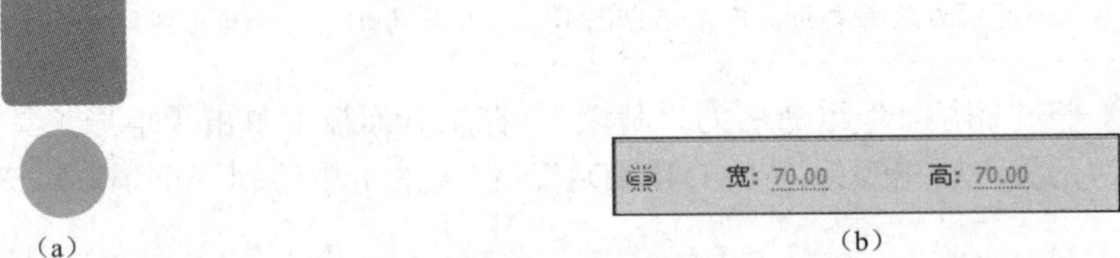

（a） （b）

图 2-1-8 绘制椭圆

07 选择【窗口】/【对齐】命令，使场景中的两个图形进行中心对齐，如图 2-1-9 所示。

（a） （b）

图 2-1-9 图形中心对齐

08 使用 Ctrl+C、Ctrl+V 组合键复制圆形，在工具面板中单击【任意变形工具】按钮，将复制出的圆形的缩放值设置为“85.0%”，如图 2-1-10 所示。

（a） （b）

图 2-1-10 图形的变形

09 分别将两个圆形转化为元件，按 F8 键，在打开的对话框中输入名称“元件 1”和“元件 2”，类型为“图形”，单击【确定】按钮。选择【窗口】/【对齐】命令，将两个圆形元件进行中心对齐，将较小的圆形使用排列属性移至图层顶层，这样太阳部分就完成了，如图 2-1-11 所示。

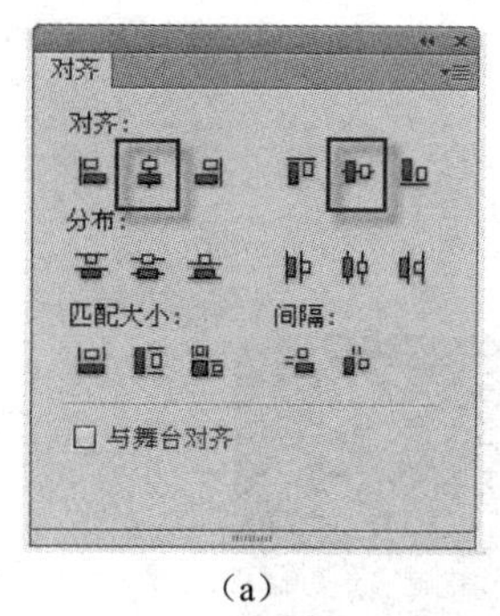

（a）

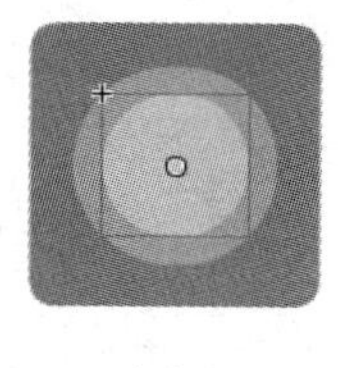

（b）

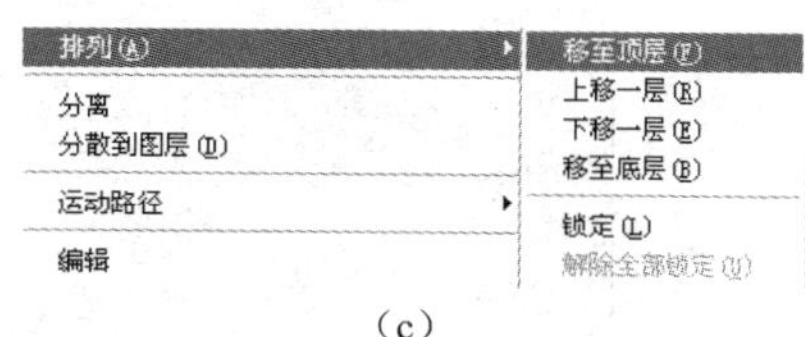

（c）

图 2-1-11　绘制太阳图形

10 在工具面板中单击【多边形工具】按钮，在【工具设置】对话框中修改工具的样式为“多边形”，边数为“3”。然后在场景中绘制一个三角形，并按 F8 键转化为图形元件，如图 2-1-12 所示。

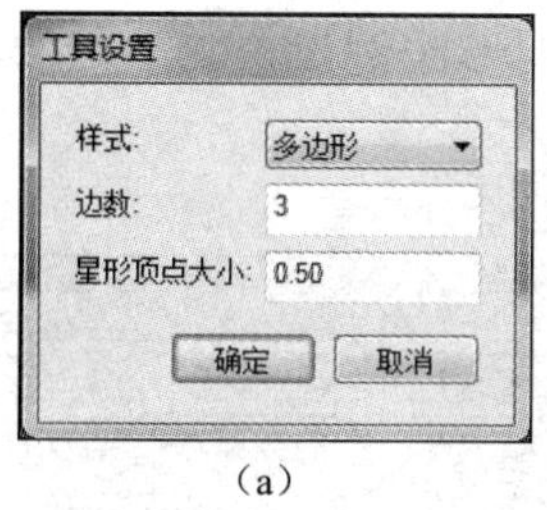

（a）

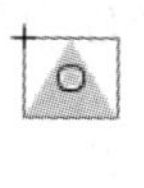

（b）

（c）

图 2-1-12　绘制三角形

11 将图形移至太阳上方，使用任意变形工具，将三角形缩放到合适的大小，然后将中心点拖放至圆形的中央，选中三角形，按 Ctrl+C 组合键复制一个图形，按 Ctrl+Shift+V 组合键，并单击【任意变形工具】按钮进行旋转复制，这样一个太阳的图标就制作完成了，如图 2-1-13 所示。

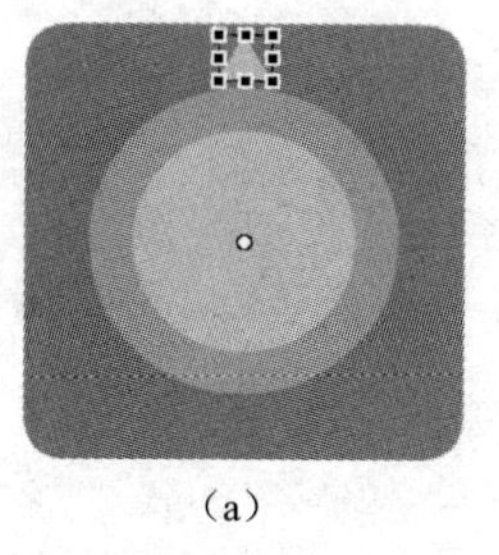

（a）

（b）

图 2-1-13　绘制太阳光芒

12 在时间轴下方单击【新建】按钮，再新建一个图层，将图层命名为“多云”。在工具面板中单击【矩形工具】按钮，设置笔触颜色为无色，填充颜色为“#2D5972”，设置矩形边角半径为“10.00”。在场景 1 中绘制一个 100 像素×100 像素的圆角矩形，如图 2-1-14 所示。

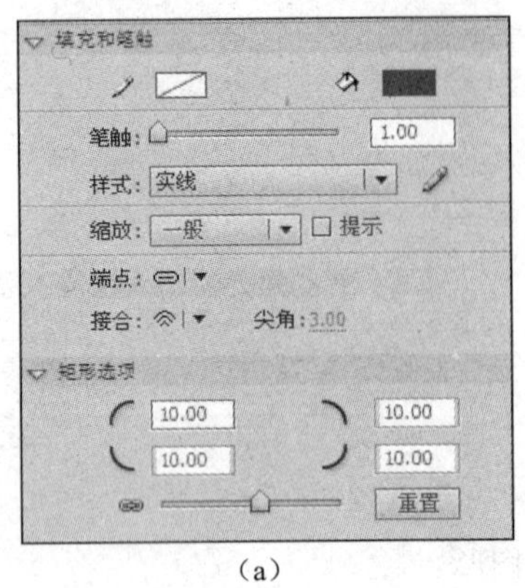

(a)

(b)

图 2-1-14 绘制圆角矩形

13 在工具面板中单击【椭圆工具】按钮，设置笔触颜色为无色，填充颜色为“#A4D8E6”，按 Shift 键绘制一个 70 像素×70 像素的正圆，按 F8 键将刚绘制的圆形转化为图形元件。将该图形复制两次，位置如图 2-1-15 所示。将左侧的圆形比例设置为“125%”，最后将三个圆形全选，按 Ctrl+G 组合键进行组合。

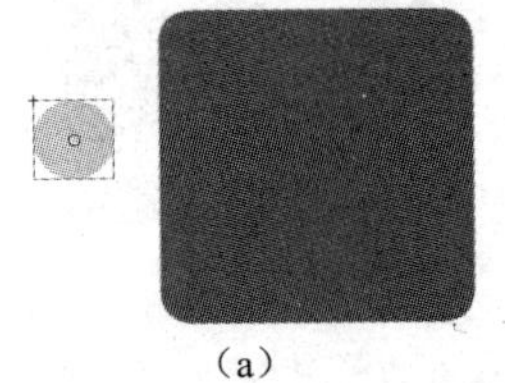
(a)

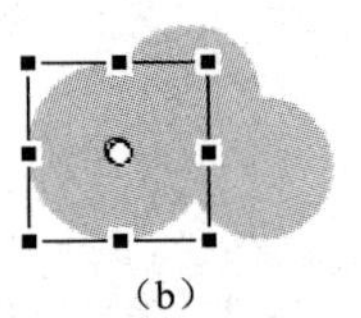
(b)

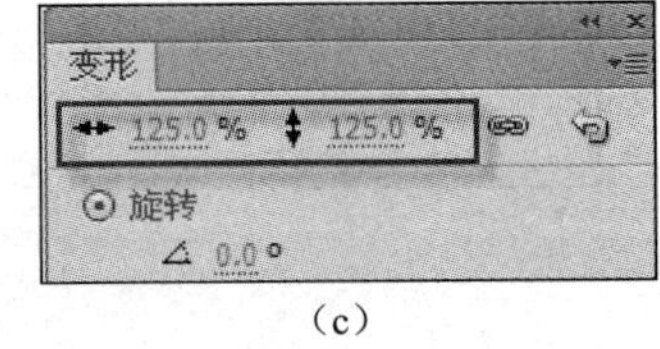

(c)

图 2-1-15 绘制云朵

14 在工具面板中单击【矩形工具】按钮，在图形的下方绘制一个矩形，填充颜色为“#A4D8E6”，如图 2-1-16 所示。

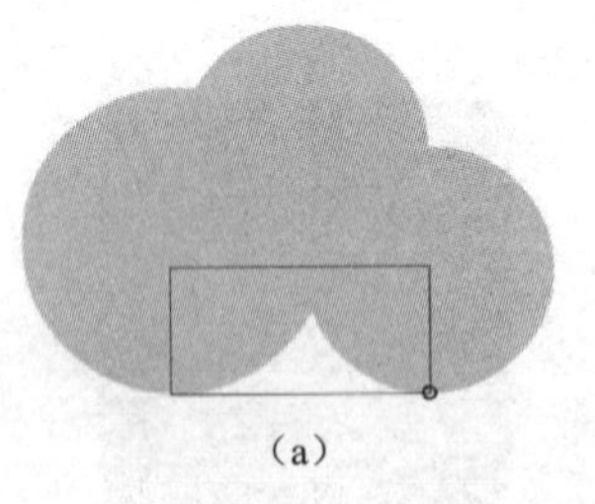
(a)

(b)

图 2-1-16 为云朵添加矩形

15 将刚刚制作好的单个云朵的图形，放置到蓝色矩形之上，使用 Ctrl+C、Ctrl+V 组合键，将云朵的图形复制一次，并且使用【任意变形工具】将云朵的比例设置为“130%”，填充颜色为“白色”，如图 2-1-17 所示。

（a）

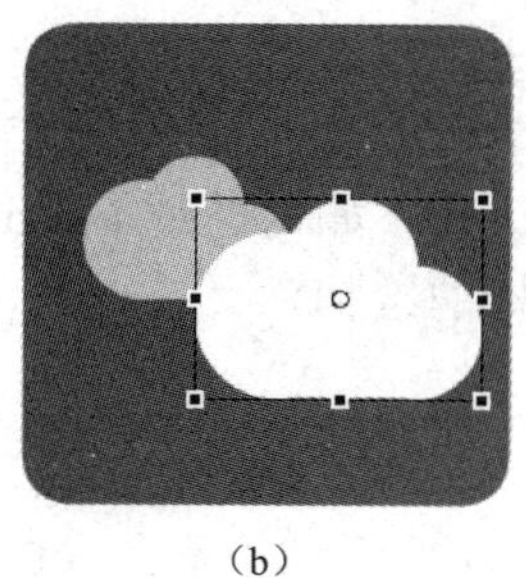
（b）

图 2-1-17　复制云朵

16 保存、预览并导出影片。

① 保存文件。选择【文件】/【保存】命令，或按 Ctrl+S 组合键，打开【另存为】对话框，选择保存位置，在【文件名】下拉列表框中输入文件名称“气象图标”，最后单击【保存】按钮即可完成 Flash 文件的保存。

② 预览动画。选择【控制】/【测试影片】/【测试】命令，或按 Ctrl+ Enter 组合键，Flash CS6 会调用播放器来测试整个影片，起到预览的作用。

③ 导出影片。选择【文件】/【导出】/【导出影片】命令，或按 Ctrl+Alt+Shift+S 组合键，打开【导出影片】对话框，保存类型选择“JPEG 图像”，以导出影片，如图 2-1-18 所示。

观看“气象图标”操作视频，可扫描下面的二维码。

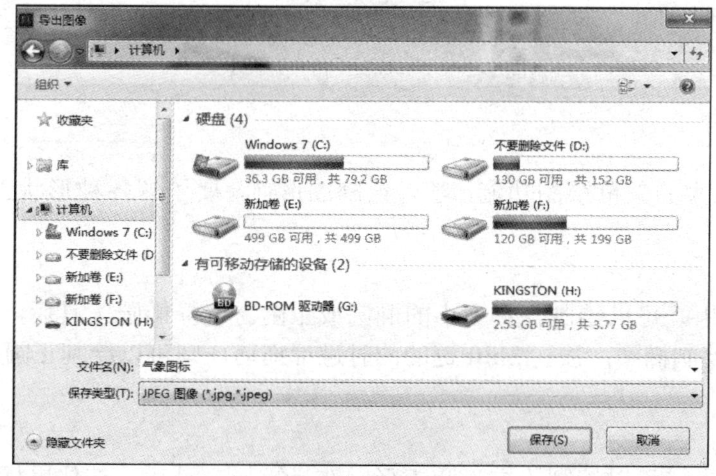

（a）

（b）

（c）

图 2-1-18　导出影片

气象图标

任务小结

本任务讲解了如何通过 Flash 中的形状工具、选择工具、任意变形工具、填充工具等的使用实现图标的绘制。

任务 2.2 绘制动物头像

任务描述

在使用 Flash 制作卡通动画时，经常出现卡通动物的形象。本任务将讲解如何绘制卡通动物头像，使学生熟练使用绘图工具。卡通动物的最终效果如图 2-2-1 所示。

图 2-2-1 卡通动物的最终效果

知识准备

Flash 具有强大的矢量绘图功能，学习绘制图形前，要了解各种形状工具的使用方法。

1. 椭圆工具

使用椭圆工具可以绘制任意大小的椭圆或正圆。选择椭圆工具后，按住鼠标左键不放进行拖动，可绘制椭圆；按住 Shift 键的同时进行拖动，则可以绘制正圆。

2. 矩形工具

使用矩形工具可以绘制正方形和矩形。选择矩形工具后，按住鼠标左键不放进行拖动，可绘制矩形；按住 Shift 键的同时进行拖动，则可以绘制正方形。调整矩形工具属性面板中的矩形边角半径的数值，则可以绘制圆角矩形。

3. 多边形工具

使用多边形工具可以绘制正多边形和星形。选择多边形工具后，在属性面板中单击【选项】按钮 选项... ，在打开的【工具设置】对话框中的【样式】下拉列表框中选择“多边形”或“星形”选项，设置边数等属性，然后将鼠标指针移动至舞台中，按住鼠标左键不放进行拖动即可绘制，如图 2-2-2 所示。

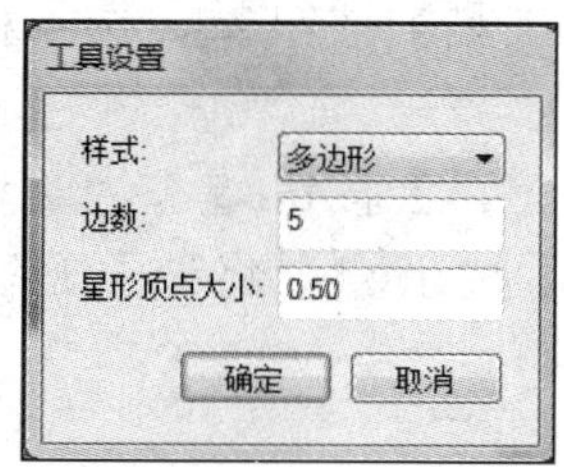

图 2-2-2　多边形的【工具设置】对话框

小提示

在拖动绘制三角形的过程中，可以左右调整鼠标以控制三角形顶点的位置。

任务实施

01 启动 Flash CS6，选择【文件】/【新建】命令或按 Ctrl+N 组合键，或在欢迎界面的“新建”选项组中进行选择，新建 Flash 文件。修改文档的尺寸为 550 像素×400 像素，设置帧频为 12 帧（fps），背景颜色为白色，单击【确定】按钮。

02 选择【文件】/【保存】命令，或按 Ctrl+S 组合键，打开【另存为】对话框，选择保存位置，在【文件名】下拉列表框中输入文件名称“动物头像”，最后单击【保存】按钮即可完成 Flash 文件的保存。

03 在工具面板中单击【椭圆工具】按钮，按住 Shift 键在场景中绘制一个大的正圆形，用同样的方法绘制一个较小的圆形，放置在大圆形的左上角。再将小圆形复制一次，放置在大圆形的右上角。单击【选择工具】按钮，选中并删除相应的弧线，作为头像的耳朵，如图 2-2-3 所示。

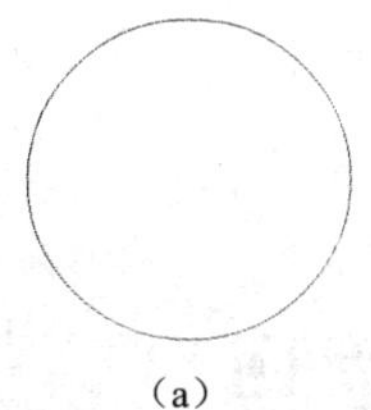

（a）

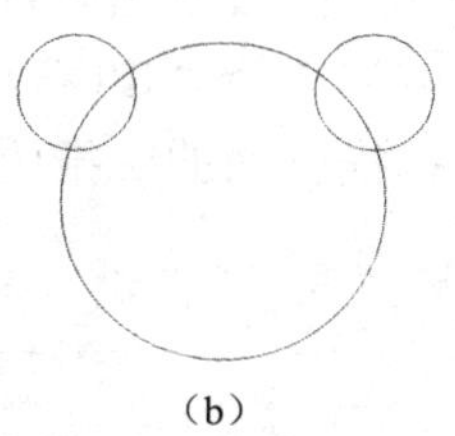

（b）

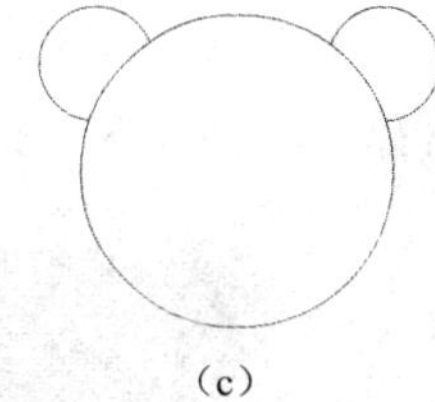

（c）

图 2-2-3　绘制头部轮廓

04 在工具面板中单击【椭圆工具】按钮，在头部适当的位置画 5 个圆，如图 2-2-4 所示。

小提示

按住 Alt 键的同时进行拖动，可复制出一个新的同样形状的图形；按住 Shift 键的同时进行拖动，可限制对象进行水平或垂直方向上的移动；按住 Alt+Shift 组合键的同时进行拖动，则可复制对象并限制其在水平或垂直方向上进行移动。

05 在工具面板中单击【选择工具】按钮，选中相应的上半部分并删除，其余的部分将笔触高度改为“4”。

06 在工具面板中单击【椭圆工具】按钮，为两只眼睛添加高光，添加鼻子，并且在工具面板中单击【任意变形工具】按钮，将鼻子压缩，如图 2-2-5 所示。

图 2-2-4 绘制头部五官

图 2-2-5 绘制鼻子

小提示

使用任意变形工具选择图形时，被选择的图形周围将有 8 个控制点，可以通过调整这 8 个控制点进行相应的变形操作。

07 在工具面板中单击【颜料桶工具】按钮，为卡通头像填充颜色，颜色为由深到浅的棕色，分别是“#BA782A”、“#894A1F”、“#3F2A19”，填充效果如图 2-2-6 所示。

08 保存、预览并导出影片。

① 保存文件。选择【文件】/【保存】命令，或按 Ctrl+S 组合键，打开【另存为】对话框，选择保存位置，在【文件名】下拉列表框中输入文件名称“动物头像”，最后单击【保存】按钮即可完成 Flash 文件的保存。

② 预览动画。选择【控制】/【测试影片】/【测试】命令，或按 Ctrl+Enter 组合键，Flash CS6 会调用播放器来测试整个影片，起到预览的作用。

③ 导出影片。选择【文件】/【导出】/【导出影片】命令，或按 Ctrl+Alt+Shift+S 组合键，打开【导出影片】对话框，保存类型选择“JPEG 图像”，以导出影片。

观看“动物头像”操作视频，可扫描下面的二维码。

图 2-2-6 填充效果

动物头像

任务小结

本任务通过制作卡通动物头像，使学生练习了 Flash CS6 中选择工具、形状工具、填充工具等重要工具的使用，最终通过工具间的交替使用，绘制出了一个完整的卡通动物头像。

任务 2.3　绘制卡通人物

任务描述

人物形象在 Flash 动画中是非常重要的组成部分，本任务将使用选择工具、形状工具、钢笔工具、填充工具等绘制一个卡通人物的形象。通过练习，使学生熟练使用绘图工具。卡通人物的最终效果如图 2-3-1 所示。

图 2-3-1　卡通人物的最终效果

知识准备

线条包括直线、平滑曲线和不规则曲线，在 Flash 中可以使用线条工具、铅笔工具及钢笔工具进行直线或曲线的绘制，其中钢笔工具的功能最为强大，同时使用难度也最大。

1. 线条工具

线条工具是绘制直线的工具，在工具面板中单击【线条工具】按钮后，将鼠标指针移动至舞台中，按住鼠标左键拖动，至终点位置时释放鼠标左键即可绘制出一条直线。

2. 铅笔工具

铅笔工具与大家平时使用的铅笔一样，可以绘制任意曲线或直线，其使用方法与使用真实的铅笔是一样的，单击【铅笔工具】按钮后，按住鼠标左键不放进行拖动即可绘制任意曲线。如果要绘制直线，需按住 Shift 键的同时进行拖动。

3. 钢笔工具

钢笔工具的功能非常强大，也是最常用的绘制线条的工具，除了可以绘制任意曲线或直线外，还可以通过调整控制柄来调整曲线的曲率。在工具面板中单击【钢笔工具】按钮后，将鼠标指针移动至舞台中单击确定第一个锚点，然后移动鼠标指针至其他位置单击即可完成一条直线的绘制；如果要绘制曲线，则在单击第二个锚点时，按住鼠标左键不放进行拖动，此时即可创建曲线，且鼠标拖动的方向与距离不同，曲线的形状也不相同。

如果对绘制的曲线不满意，可在选择钢笔工具后，将鼠标指针移动至要调整曲线的锚点上，按住 Alt 键的同时进行拖动，即可显示出调节杆，沿着合适的方向拖动调节杆，并注意控制距离，即可完成曲线曲率的调整，如图 2-3-2 所示。

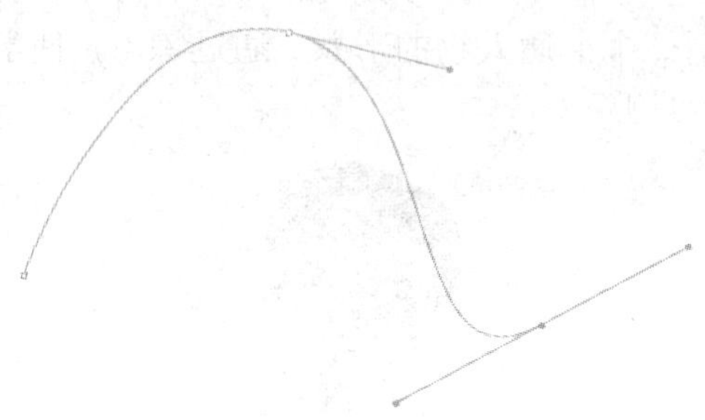

图 2-3-2 调整曲线

选择锚点后，锚点处如果有调节杆，则可以通过调整调节杆进行曲线形状的调整。选择锚点后出现两条调节杆，按住 Ctrl 键切换为部分选择工具，拖动调节杆，锚点两侧的曲线一起跟着进行调整。如果按住 Alt 键再拖动调节杆，则仅锚点一侧的曲线跟着调整。根据此特征，在进行曲线调整时，即可灵活使用相应的按键以选择相应的调整方式进行曲线形状的调整。

小提示

选择钢笔工具后，按住 Alt 键将切换为转换锚点工具。单击锚点可转换锚点的类型，如将曲线锚点转换为直线锚点，即将曲线转换为直线。

选择钢笔工具后，按住 Ctrl 键将切换为部分选择工具。单击锚点可选择要进行操作的锚点。当要对锚点进行操作（如调整曲线、移动位置等）时，必须先选中锚点，才能进行调整操作。

选择钢笔工具后，按住 Ctrl 键并在曲线上单击，可选择整个曲线并显示锚点。将鼠标指针移动至曲线上，当鼠标指针变为时，单击可增加锚点。选择锚点后，按 Delete 键可删除锚点。将鼠标指针移动至未封闭曲线的末端锚点上，当鼠标指针变为时，单击则可以继续完成封闭曲线的操作。

使用钢笔工具绘制好曲线后，除可以使用钢笔工具配合 Ctrl 键和 Alt 键对曲线进行调整外，还可以在曲线状态下单击【选择工具】按钮，将鼠标指针移动至曲线上，当鼠标指针变为时，按住鼠标左键不放进行拖动，以调整曲线的形状。使用此方法进行调整相对更方便。

任务实施

1. 新建 Flash 文档，保存文档

01 启动 Flash CS6，选择【文件】/【新建】命令或按 Ctrl+N 组合键，或在欢迎界面的

“新建”选项组中进行选择，新建 Flash 文件。修改文档的尺寸为 550 像素×400 像素，设置帧频为 12 帧（fps），背景颜色为白色，单击【确定】按钮。

02 选择【文件】/【保存】命令，或按 Ctrl+S 组合键，打开【另存为】对话框，在【保存在】下拉列表框中选择保存位置，在【文件名】下拉列表框中输入文件名称“卡通人物”，最后单击【保存】按钮即可完成 Flash 文件的保存。

2. 绘制头部

01 将“图层 1”重命名为“人物头部”。在工具面板中单击【椭圆工具】按钮，设置笔触颜色为无色，填充颜色为“#FEC397”，在舞台合适位置绘制一个椭圆形。

02 使用椭圆工具在场景中绘制一个小椭圆形，当作人物的耳朵，然后使用任意变形工具旋转并且移动到头部的左侧，再将椭圆形复制一次，放置在头部的右侧，如图 2-3-3 所示。

3. 绘制头发

01 在时间轴下方单击【新建】按钮，新建一个图层，将图层命名为“头发”。在工具面板中单击【钢笔工具】按钮，在头部上方绘制出头发的轮廓。在工具面板中单击【部分选取工具】按钮，把直线调整为曲线，头发的轮廓就完成了，如图 2-3-4 所示。

> **小提示**
>
> 对于短小的曲线，可以使用铅笔工具直接进行绘制；对于长且较复杂的曲线，则最好使用线条工具或钢笔工具进行绘制。另外，根据实际需要，可适当增加或减少锚点，以方便控制曲线的形状。

02 为头发填充颜色。在工具面板中单击【颜料桶工具】按钮，设置填充颜色为“#BA4E05”，如图 2-3-5 所示。

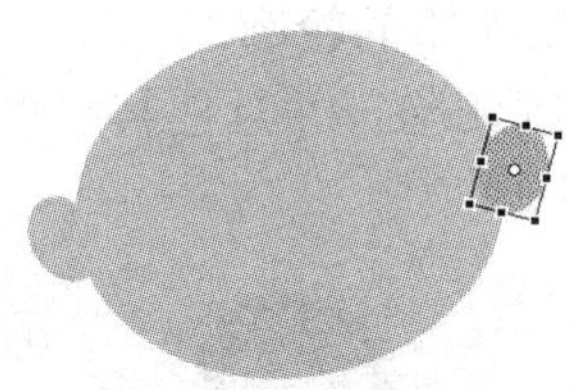

图 2-3-3　绘制头部

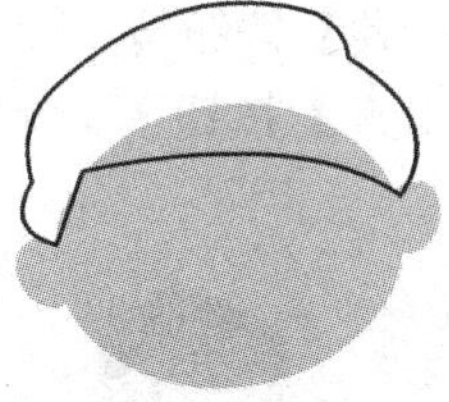

图 2-3-4　绘制头发

图 2-3-5　填充头发颜色

4. 绘制五官

01 在时间轴下方单击【新建】按钮，新建一个图层，将图层命名为“五官”。在工具面板中分别单击【钢笔工具】按钮、【椭圆工具】按钮，绘制出单边的眉毛、眼睛、腮红。

02 选中单边的眉毛、眼睛、腮红，按 Ctrl+C、Ctrl+V 组合键复制一次，并且使用移动工具将图形移动到头部的另一侧。在工具面板中单击【任意变形工具】按钮，将眉毛水平翻转成对称的角度，如图 2-3-6 所示。

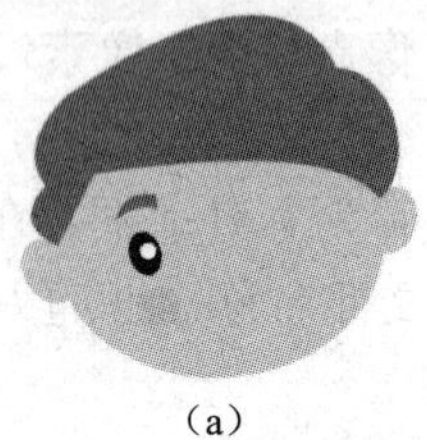
（a）

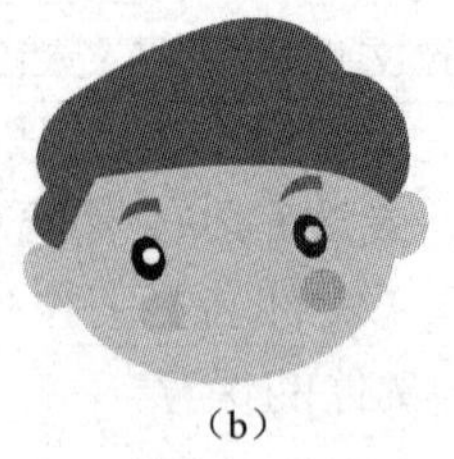
（b）

（c）

图 2-3-6　绘制五官

03 在时间轴下方单击【新建】按钮，新建一个图层，将图层命名为“鼻子、嘴巴”。在工具面板中单击【钢笔工具】按钮，绘制出鼻子、嘴巴的轮廓。在工具面板中单击【部分选择工具】按钮，把直线调整为曲线。这样鼻子和嘴巴的轮廓就完成了。

04 在工具面板中单击【颜料桶工具】颜料，为鼻子和嘴巴填充颜色，设置填充颜色分别为“#F88B74”和“#CE584E”，如图 2-3-7 所示。

（a）

（b）

（c）

图 2-3-7　填充

5. 绘制身体

01 在时间轴下方单击【新建】按钮，新建一个图层，将图层命名为“身体”。在工具面板中单击【钢笔工具】按钮，在头部的下方绘制身体的轮廓。

02 在工具面板中单击【钢笔工具】按钮，为身体部分画出衣服的轮廓。

03 在工具面板中单击【选择工具】按钮，将不需要的轮廓删除，并且把某些直线变成曲线，如图 2-3-8 所示。

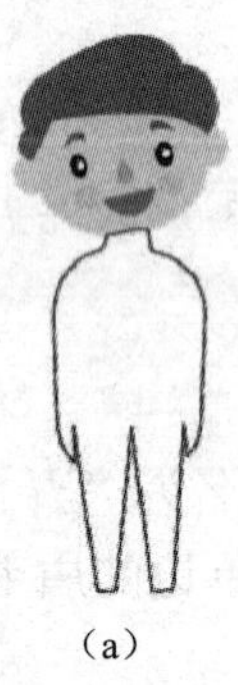
（a）

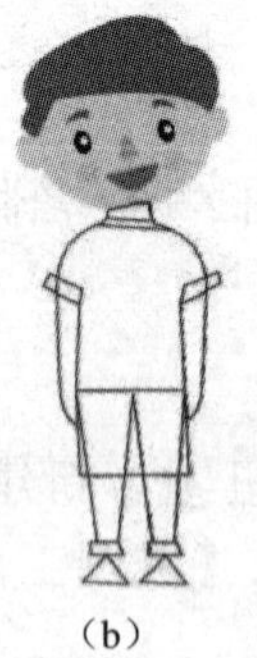
（b）

（c）

图 2-3-8　绘制身体

04 在工具面板中单击【颜料桶工具】按钮，为身体填充颜色，设置胳膊与腿的填充颜色为“#D8986C”；衣领、衣袖、鞋子的填充颜色为“#F76E2A”；上衣的填充颜色为

“#29CEBE”；裤子的填充颜色为“#2C667A”；袜子的填充颜色为“#D8D3CD”。最终着色效果如图 2-3-1 所示。

6. 保存、预览并导出影片

01 保存文件。选择【文件】/【保存】命令，或按 Ctrl+S 组合键，打开【另存为】对话框，选择保存位置，在【文件名】下拉列表框中输入文件名称“卡通人物”，最后单击【保存】按钮即可完成 Flash 文件的保存。

02 预览动画。选择【控制】/【测试影片】/【测试】命令，或按 Ctrl+Enter 组合键，Flash CS6 会调用播放器来测试整个影片，起到预览的作用。

03 导出影片。选择【文件】/【导出】/【导出影片】命令，或按 Ctrl+Alt+Shift+S 组合键，打开【导出影片对话框】，保存类型选择“JPEG 图像”，以导出影片。

卡通人物

观看“卡通人物”操作视频，可扫描右侧的二维码。

任务小结

本任务通过制作卡通人物形象，使学生练习了 Flash CS6 中的选择工具、形状工具、钢笔工具、填充工具等重要工具的使用，最终通过工具间的交替使用，绘制出了一个完整的卡通人物的形象。

任务 2.4　绘制动画场景

任务描述

动画场景在 Flash 动画中是不可或缺的一部分。动画场景的绘制可以更好地锻炼学生对于各种绘图工具的灵活应用。本任务除了使用选择工具、形状工具、钢笔工具、填充工具等进行绘制之外，还应用到图形的成组、渐变色的添加和调节等重要知识点。动画场景的最终效果如图 2-4-1 所示。

图 2-4-1　动画场景的最终效果

知识准备

1. 填充颜色

（1）使用填充工具上色

当创建好封闭区域时将自动使用填充工具进行填色，如在绘制圆形时，若事先设置填充颜色为绿色，则在完成圆形的绘制后自动填充为绿色。在工具面板中单击【填充颜色色块】按钮，打开【拾色器】对话框，在其中可进行颜色的设置，如图 2-4-2 所示。

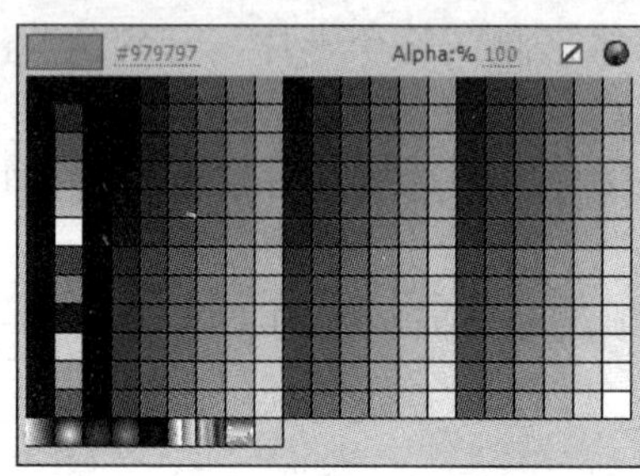

图 2-4-2　使用填充工具上色

1）纯色：在打开的【拾色器】对话框中单击具体的色块（如绿色）可完成纯色的设置。如果【拾色器】对话框中没有需要的颜色，则可以单击顶部的十六进制色码使其变为可编辑状态，再输入新的色码，然后按 Enter 键确定。

2）渐变色：【拾色器】对话框中默认提供了几组渐变色，包括线性渐变、放射状渐变等渐变类型，单击相应的色块即可设置相应的渐变类型。

3）Alpha：Alpha 用于设置颜色的透明度，用百分比表示。数值越低，在视觉上感觉颜色越淡。

4）无填充色：单击图标，将取消填充色，即无填充色。

5）颜色面板：单击图标，将打开颜色面板，在其中可以拾取更多的颜色，或者拾取与当前颜色不同饱和度下的颜色。

（2）使用颜色面板设置填充色

在颜色面板中可设置比工具面板中更多的填充效果，选择【窗口】/【颜色】命令，或按 Ctrl+Shift+9 组合键，打开颜色面板，在【类型】下拉列表框中选择相应的类型，再进行具体的颜色设置，即可完成填充色的设置，如图 2-4-3 所示。

（3）使用颜料桶工具

使用颜料桶工具为图形填充颜色，可对全封闭区域进行颜色填充，也可对未封闭区域进行填充。选择颜料桶工具后，在工具选项中单击按钮，在弹出的下列表框中选择空隙的大小及是否为封闭的空隙。设置好填充颜色及空隙大小后，将鼠标指针移动至填充区域中，单击即可完成颜色的填充。

（4）滴管工具

滴管工具可以从舞台中的其他图形中获取色块、位图、线段的属性应用于其他对象。滴管工具可以进行矢量色块的采样填充、矢量线条的采样填充、位图和文字的采样填充等。

（a）

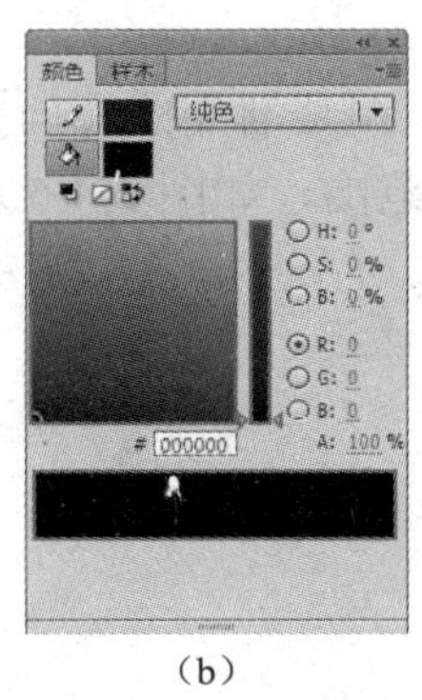

（b）

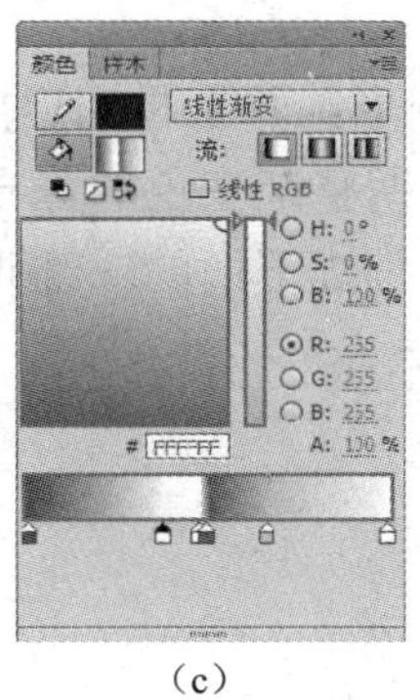

（c）

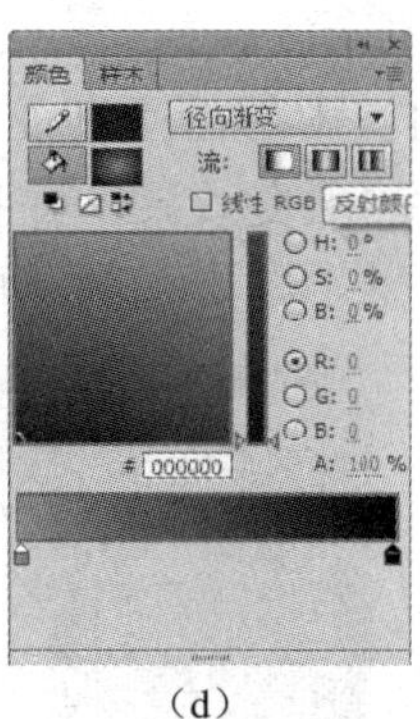

（d）

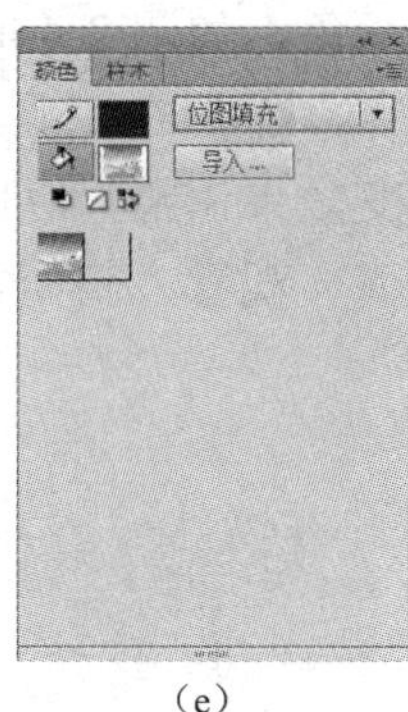

（e）

图 2-4-3　使用颜色面板设置填充色

小提示

使用滴管工具吸取位图时，应先将位图打散为矢量图。选择位图后，按 Ctrl+B 组合键即可将位图打散为矢量图。

使用滴管工具吸取文本颜色及样式时，应先选择要应用样式的文本，再使用滴管工具吸取具有样式的文本。

2. 填充线条

墨水瓶工具可以为矢量线段填充颜色，也可以为色块添加边框，但不能对矢量色块进行填充。在工具面板中单击【墨水瓶工具】按钮，在弹出的属性面板中设置笔触大小、颜色、样式等属性后，将鼠标指针移动至需要填色的线条上单击，即可为线条填充颜色或为色块添加边框。

任务实施

1. 新建 Flash 文档，保存文档

01 启动 Flash CS6，选择【文件】/【新建】命令或按 Ctrl+N 组合键，或在欢迎界面的“新建”选项组中进行选择，新建 Flash 文件。修改文档的尺寸为 550 像素×400 像素，设置帧频为 12 帧（fps），背景颜色为白色，单击【确定】按钮。

02 选择【文件】/【保存】命令，或按 Ctrl+S 组合键，打开【另存为】对话框，选择保存位置，在【文件名】下拉列表框中输入文件名称“动画场景”，最后单击【保存】按钮即可完成 Flash 文件的保存。

2. 绘制背景

01 在工具面板中单击【矩形工具】按钮，绘制一个 550 像素×400 像素与场景大小相同的矩形。

02 设置笔触颜色为无色，填充颜色为线性渐变，线性渐变中的四种颜色调整为晚霞的颜色，如图 2-4-4 所示。

03 在工具面板中单击【渐变变形工具】按钮，调整渐变的方向控点，将横向的渐变效果调整为纵向的渐变效果，并且调整渐变色的分布范围，如图 2-4-5 所示。

观看“制作背景”操作视频，可扫描下面的二维码。

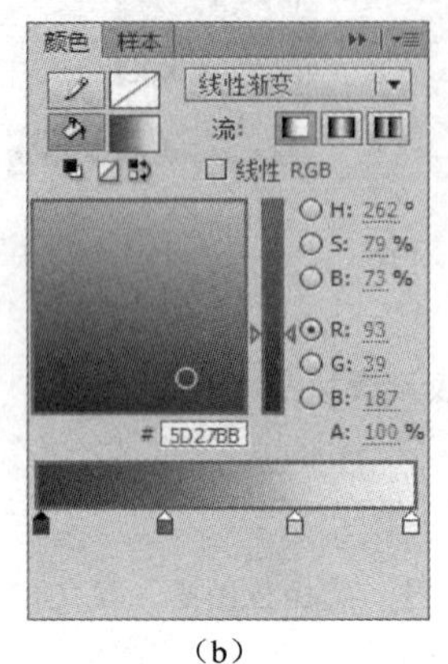

（a）　（b）

图 2-4-4　线性渐变设置

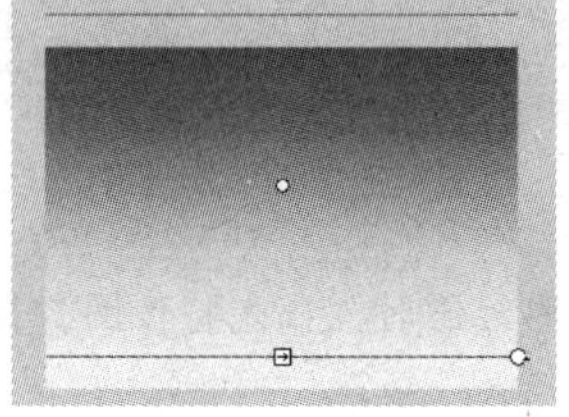

图 2-4-5　调整渐变属性

制作背景

小提示

进行线性填充时，可以采用单击或拖动法进行填充。使用拖动法填充时，可以控制线性渐变的方向；而采用单击填充时，则使用默认的线性渐变方向进行填充。

3. 绘制山坡

01 在时间轴下方单击【新建】按钮，新建一个图层，将图层命名为“山坡 1”，在工具面板中单击【钢笔工具】按钮，在场景中绘制出山坡轮廓，然后在工具面板中单击【选择工具】按钮，将直线修改成曲线，如图 2-4-6 所示。

02 设置填充颜色为“#CFCE00”，在工具面板中单击【颜料桶工具】按钮进行填充。

03 在时间轴下方单击【新建】按钮，再新建两个图层，分别将图层命名为“山坡 2”和“山坡 3”。采用同样的方式绘制出山坡的轮廓，并且分别设置填充颜色为“#BCC10C”和“#A7B315”，对图形进行颜色填充，如图 2-4-7 所示。

观看“绘制山坡”操作视频，可扫描下面的二维码。

图 2-4-6　山坡轮廓

图 2-4-7　绘制山坡

绘制山坡

4. 绘制树木

01 在时间轴下方单击【新建】按钮，新建一个图层，将图层命名为“树木”。在工具面板中单击【椭圆工具】按钮，在舞台合适位置绘制一个椭圆形，再单击【钢笔工具】按钮绘制一个三角形。

02 设置树冠与树干填充颜色分别为“#77B10A”和“#855736”，用选择工具将树冠的形状调整得更加生动一些。最后将树冠与树干全选，按 Ctrl+G 组合键，将它们组合起来，方便以后的操作，如图 2-4-8 所示。

03 选中刚才制作的树木图形，按 Ctrl+C、Ctrl+V 组合键，将图形复制四次，排放在山坡上的不同位置。在工具面板中单击【任意变形工具】按钮，改变四棵树木的高度与宽度，制作出错落有致的树木形状。

观看“绘制树木”操作视频，可扫描下面的二维码。

图 2-4-8　绘制树木

绘制树木

5. 绘制太阳

01 在时间轴下方单击【新建】按钮，新建一个图层，将图层命名为“太阳”。在工具面板中单击【椭圆工具】按钮，按住 Shift 键的同时拖动鼠标，在舞台合适位置绘制一个正圆形。

02 在时间轴下方单击【新建】按钮，新建一个图层，将图层命名为“光线”。在工具面板中单击【钢笔工具】按钮，围绕着正圆，画出几条光线的轮廓。

03 选中【光线】图层中的所有图形，在属性面板中将其透明度调整为 30%，如图 2-4-9 所示。

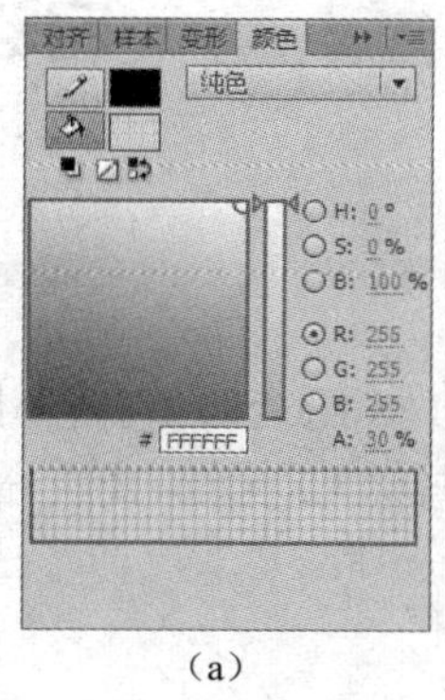

(a)

(b)

图 2-4-9　绘制太阳光芒

04 将图层“太阳”“光线”移至图层“山坡 1”下方，形成太阳下山时被半遮挡的效果，如图 2-4-10 所示。

观看“绘制太阳”操作视频，可扫描下面的二维码。

图 2-4-10　调整图层顺序

绘制太阳

6. 绘制白云

01 在时间轴下方单击【新建】按钮，新建一个图层，将图层命名为“白云”。在工具面板中单击【钢笔工具】按钮，在场景中绘制出白云的轮廓，然后单击【选择工具】按钮，对刚才的白云轮廓进行调整，将部分直线条变成曲线，如图 2-4-11 所示。

02 将填充色设置为白色，笔触颜色设置为无色，对白云的轮廓进行填充。

03 选中白云的图形，按 Ctrl+C、Ctrl+V 组合键，将图形复制一次。然后在工具面板中单击【任意变形工具】按钮，将白云的图形调整到合适的位置，并进行缩放调整，如图 2-4-12 所示。

观看“绘制白云”操作视频，可扫描下面的二维码。

图 2-4-11　绘制白云

图 2-4-12　复制白云图形

绘制白云

7. 保存、预览并导出影片

01 保存文件。选择【文件】/【保存】命令，或按 Ctrl+S 组合键，打开【另存为】对话框，选择保存位置，在【文件名】下拉列表框中输入文件名称“动画场景”，最后单击【保存】按钮即可完成 Flash 文件的保存。

02 预览动画。选择【控制】/【测试影片】/【测试】命令，或按 Ctrl+Enter 组合键，Flash CS6 会调用播放器来测试整个影片，起到预览的作用。

03 导出影片。选择【文件】/【导出】/【导出影片】命令，或按 Ctrl+Alt+Shift+S 组合键，打开【导出影片】对话框，保存类型选择“JPEG 图像”，以导出影片。

任务小结

本任务通过绘制动画场景，进一步锻炼了学生对各种绘图工具的灵活应用。除了复习使用选择工具、形状工具、钢笔工具、填充工具之外，还使学生掌握了图形的成组、渐变色的添加和调节等重要知识点。

拓展知识

1. 改变图片透明度的具体步骤

选中图片后，右击（转换为元件）或按 Ctrl+F8 组合键进行图形合成或影片剪辑。首先单击图形（影片剪辑），在弹出的颜色属性面板中选择“Alpha”，然后设置透明程度。

2. Flash 渐变的形式

在填充颜色时，可以将颜色设置为从一种颜色到另一种颜色的变化，或由浅到深、由深到浅的变化。首先选择渐变工具，然后在选项栏中选取渐变样式。渐变类型包括“线性渐变”“径向渐变”和“位图填充”。

3. 为图形添加渐变颜色

在 Flash 中找到颜色工具，默认为纯色，选择“线性渐变”“径向渐变”等选项，就可以填充渐变色。

在单击工具面板中单击任意变形工具的右下角，使用下拉列表框中的渐变变形工具可以调整渐变色，具体方法请自行探索。

4. 将多个图形成组

将需要组合的多个图形同时选中，按 Ctrl+G 组合键，即可将多个图形组合起来。

课后练习

Flash 除了可以设计动画形象、动画场景、图标之外，还可以设计企业 LOGO。运用本项目所学的知识，绘制如下面题图所示企业 LOGO。要求：创建一个 Flash 文档，文档尺寸为 550 像素×400 像素，分别发布为 GIF、JPEG 文件。

题图 企业 LOGO

图形的编辑

在动画设计制作过程中，富有视觉冲击力的色彩能够提高动画的品质。Flash 提供了完备的颜色填充功能，具有多种不同的填充方式。本项目将主要讲解如何在 Flash 中灵活运用图形图像编辑处理及文本工具。

知识目标

1. 熟练掌握图形的绘制与编辑。
2. 掌握文本工具的使用方法。
3. 熟练掌握库面板的使用方法。

技能目标

1. 能使用选择工具及套索工具对图形进行选择。
2. 能使用对齐工具对图形进行排列、对齐的设置。
3. 能使用文本工具为动画创建静态文本、动态文本及输入文本等。

任务 3.1 编辑时尚卡片

任务描述

本任务将在 Adobe Flash CS6 中导入背景素材，通过编辑背景图片、输入静态文本、对齐对象等操作，绘制时尚卡片。时尚卡片的最终效果如图 3-1-1 所示。

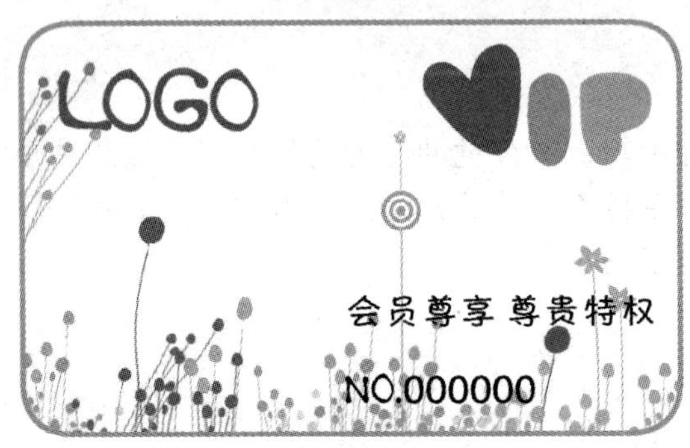

图 3-1-1 时尚卡片的最终效果

知识准备

Flash 中的对齐工具可能是很多新手不太注意的地方，其实这个工具使用简单且相当实用，可以节省很多时间，从而大大提高工作效率。

首先打开 Flash CS6 的工作界面，选择【窗口】/【对齐】命令或按 Ctrl+K 组合键，打开对齐面板，如图 3-1-2 所示。

对齐面板由五部分组成，分别为对齐、分布、匹配大小、间隔及与舞台对齐，如图 3-1-3 所示。

如果不勾选【与舞台对齐】复选框，那么对舞台上图形的对齐操作将与舞台没有位置关系，只是各个图形之间的相对位置关系或大小匹配等。例如，要使一个图形对齐到舞台的左上角，或与舞台大小匹配，或多个图形相对舞台水平平均分布，如果不勾选此复选框，操作将无法实现要达到的目的。要实现各个图形相对于舞台的位置对齐或大小匹配等，一定要勾选此复选框，如图 3-1-4 所示。

建立三个方块，其中第二帧的三个图形勾选【与舞台对齐】复选框，选择【顶对齐】命令，此时三个图形与舞台顶端对齐；第三帧的三个图形，不勾选【与舞台对齐】复选框，选择【顶对齐】命令，此时三个图形以图形轮廓最靠近舞台上边沿的图形的上边沿对齐，如图 3-1-5 所示。

窗口(W)　帮助(H)
直接复制窗口(F)　Ctrl+Alt+K
工具栏(O)
✓ 时间轴(J)　Ctrl+Alt+T
动画编辑器
✓ 工具(K)　Ctrl+F2
✓ 属性(V)　Ctrl+F3
库(L)　Ctrl+L
公用库(N)
动画预设
项目　Shift+F8
动作(A)　F9
代码片断(C)
行为(B)　Shift+F3
编译器错误(E)　Alt+F2
调试面板(D)
影片浏览器(M)　Alt+F3
输出(U)　F2
对齐(G)　Ctrl+K
颜色(Z)　Alt+Shift+F9
信息(I)　Ctrl+I
样本(W)　Ctrl+F9
变形(T)　Ctrl+T
组件(X)　Ctrl+F7
组件检查器(Q)　Shift+F7
其他面板(R)
扩展
工作区(S)
隐藏面板(P)　F4
1 任务一
✓ 2 未命名-1

图 3-1-2　选择【窗口】/【对齐】命令

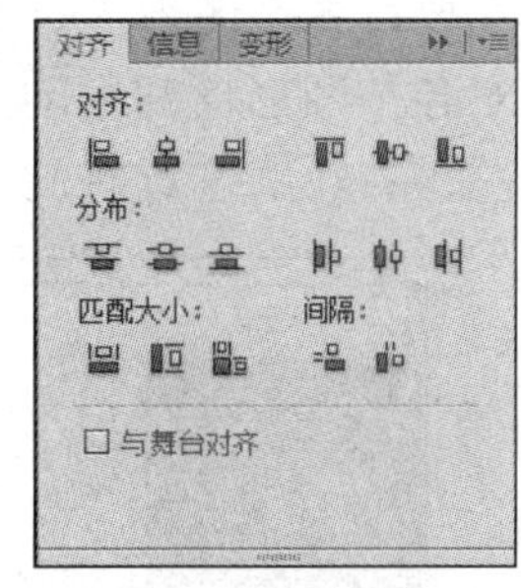

图 3-1-3　对齐面板

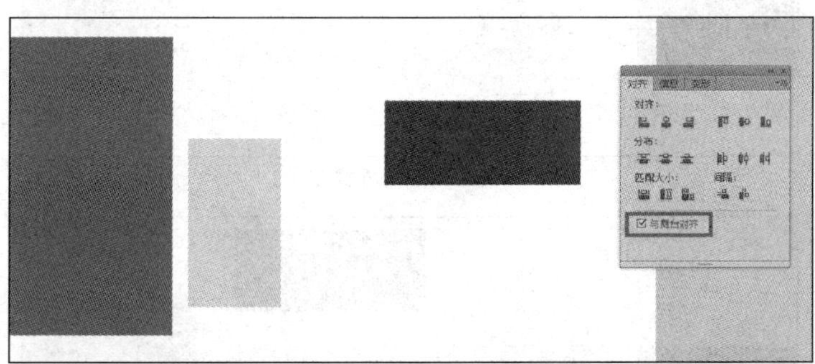

图 3-1-4　【与舞台对齐】复选框

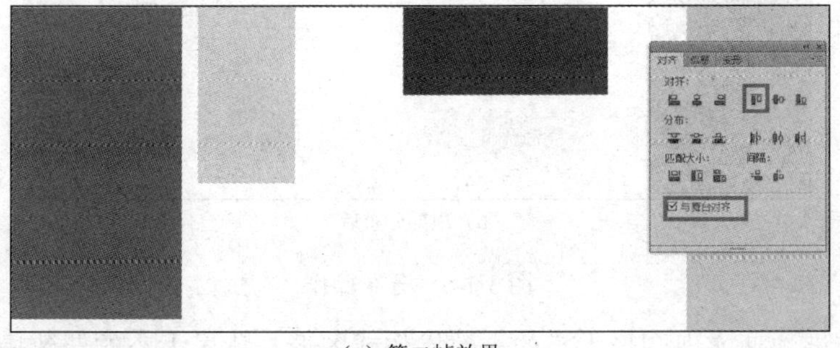

（a）第二帧效果

图 3-1-5　对齐操作

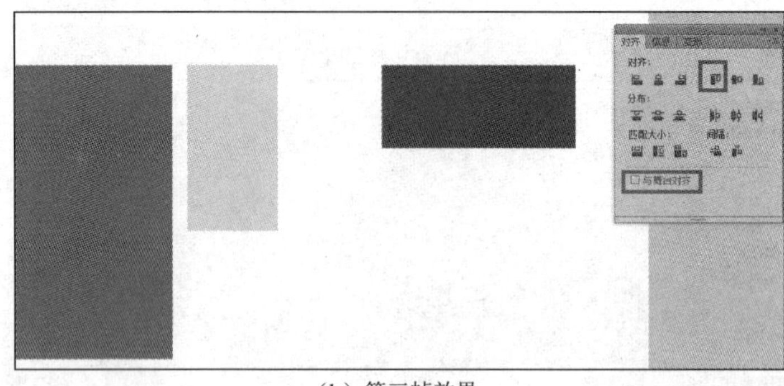

（b）第三帧效果

图 3-1-5　对齐操作（续）

分布操作主要以各个图形上、下、左、右轮廓为依据进行分布计算。例如，顶部分布对齐的依据就是对各个图形顶部之间的位置进行平均分布。分布操作与图形形状无关，只与图形的上、下、左、右轮廓位置有关，如图 3-1-6 所示。

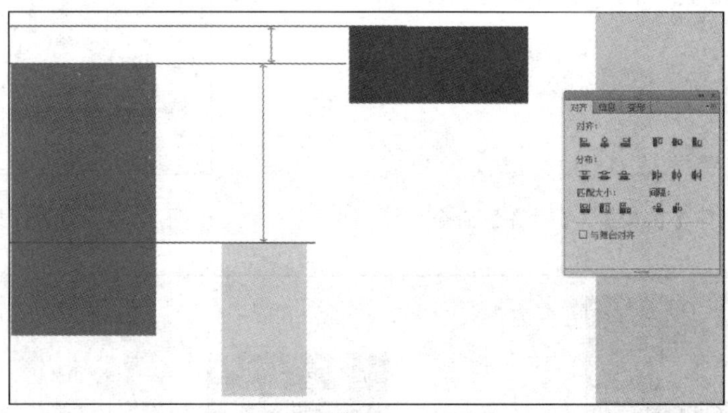

（a）顶部分布前

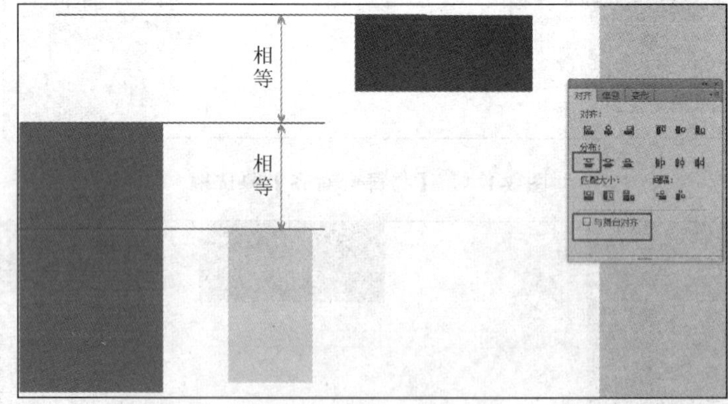

（b）顶部分布后

图 3-1-6　分布操作

匹配操作能够快速实现图形大小的一致操作或图形与背景大小的一致操作。不勾选【与舞台对齐】复选框时，匹配操作只与图形中轮廓最大的图形有关；勾选【与舞台对齐】复选框时，匹配大小与舞台的尺寸有关，如图 3-1-7 所示。

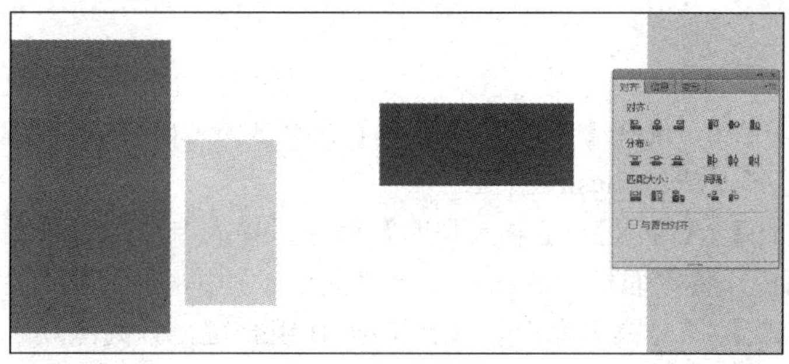

（a）匹配宽度前

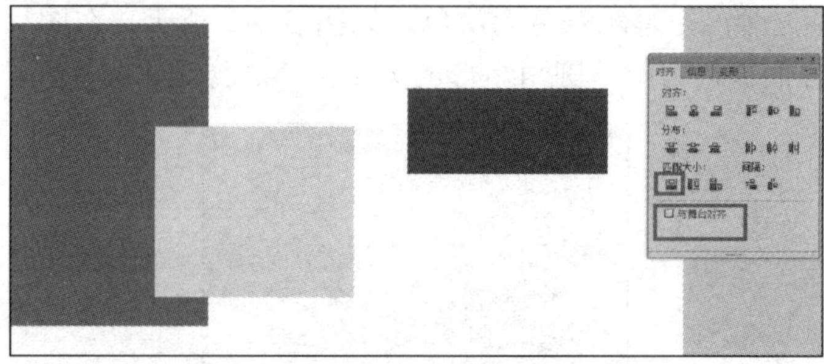

（b）匹配宽度后

图 3-1-7　匹配操作

间隔操作比较简单，需要注意的是，间隔对齐是以上（左）图的下（右）轮廓与下（右）图的上（左）轮廓的位置关系来分布间隔对齐的，如图 3-1-8 所示。

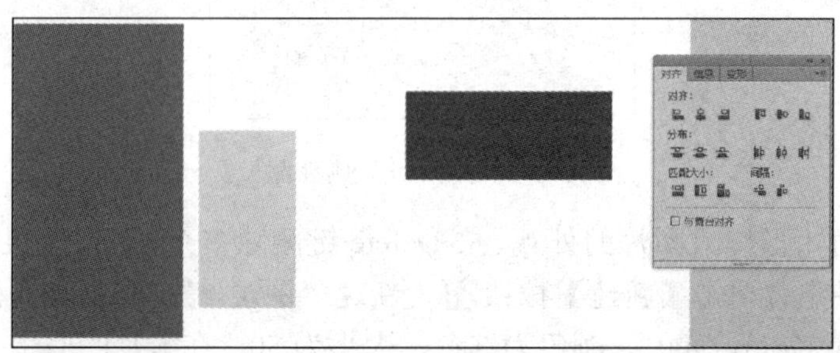

（a）设置水平平均间隔前

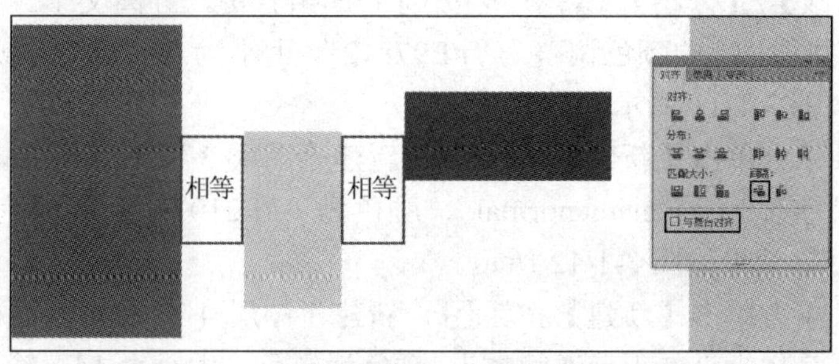

（b）设置水平平均间隔后

图 3-1-8　间隔操作

使用过程中，一般将以上几个功能结合起来，以达到快捷定位图形位置和大小的操作。

任务实施

01 启动 Flash CS6，选择【文件】/【新建】命令或按 Ctrl+N 组合键，或在欢迎界面的“新建”栏中进行选择，新建 Flash 文件。

02 选择【文件】/【导入】/【导入到库】命令，导入卡片的背景图。

03 打开库面板，将库面板中的图片拖至“图层 1”中，并调整图片的大小和位置。

04 选择【修改】/【分离】命令，或按 Ctrl+B 组合键，分离图片。

05 在工具面板中单击【矩形工具】按钮，调整矩形工具属性面板中的矩形边角半径为“20.00”，无填充颜色，笔触颜色为灰色，如图 3-1-9 所示。在图片上方绘制一个圆角矩形，然后打开属性面板，修改该圆角矩形的大小为 242 像素×153 像素。

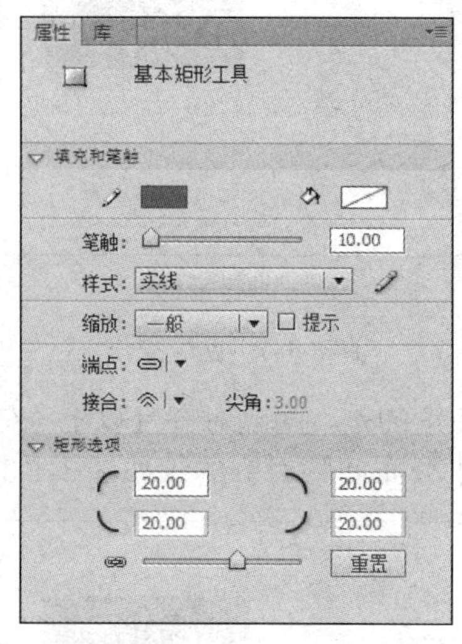

图 3-1-9　矩形工具属性面板

06 利用圆角矩形修改图片的外观，按 Delete 键删除多余部分，效果如图 3-1-10 所示。

07 在时间轴下方单击【新建】按钮，新建“图层 2”。在工具面板中单击【文本工具】按钮 T，设置字体为“fat”，颜色为红色，大小为 50，在卡片的右上角输入“VIP”。选中文字，选择【修改】/【分离】命令，或按 Ctrl+B 组合键，分离文字。文字打散后，调整每个字符的位置，并将“I”的颜色调整为“#E97812”，大小为 40，“P”的颜色为“#85C229”，大小为 40，效果如图 3-1-11 所示。

08 在时间轴下方单击【新建】按钮，新建“图层 3”。在工具面板中单击【文本工具】按钮 T，设置字体为“panamanormal”，颜色为“#E2107B”，大小为 30，在卡片的左上角输入“LOGO”，效果如图 3-1-12 所示。

09 在时间轴下方单击【新建】按钮，新建“图层 4”。在工具面板中单击【文本工具】按钮 T，设置字体为“方正卡通简体”，颜色为黑色，大小为 14，输入文字“会员尊享尊贵特权”。在该文字下面再输入“NO.000000”，设置字体为“panamanormal”，大小为 14，颜色为黑色。选中这两行文字，选择【窗口】/【对齐】命令，设置对齐方式为左对齐，不勾选【与舞台对齐】复选框，效果如图 3-1-13 所示。

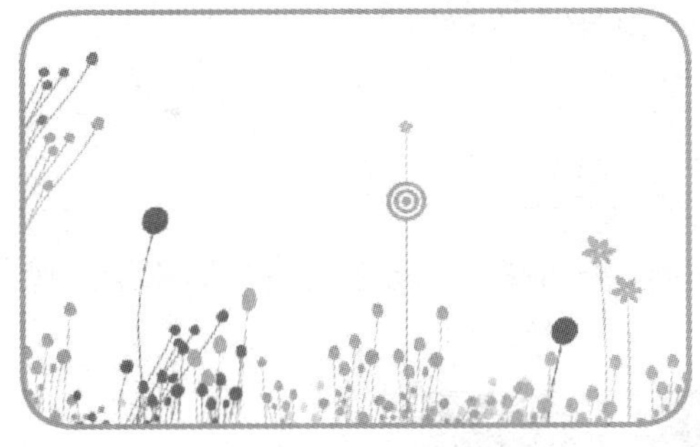

图 3-1-10　圆角图形

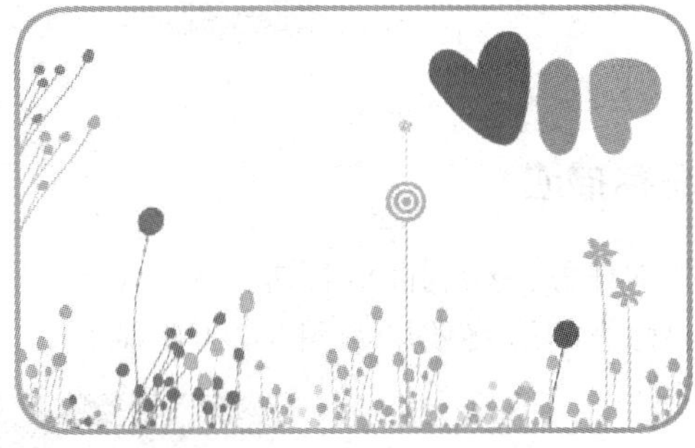

图 3-1-11　“VIP”文字效果

图 3-1-12　“LOGO”文字效果

图 3-1-13　最终文字效果

10 保存、预览并发布动画。

① 保存文件。选择【文件】/【保存】命令，或按 Ctrl+S 组合键，打开【另存为】对话框，选择保存位置，在【文件名】下拉列表框中输入文件名称“时尚卡片”，最后单击【保存】按钮即可完成 Flash 文件的保存。

② 预览动画。选择【控制】/【测试影片】/【测试】命令，或按 Ctrl+Enter 组合键，Flash CS6 会调用播放器来测试整个影片，起到预览的作用。

③ 发布动画。选择【文件】/【发布设置】命令，或按 Ctrl+Shift+F12 组合键，打开【发布设置】对话框，发布的类型可以选择 Flash、HTML 包装器、GIF 图像、JPEG 图像、PNG 图像等。

时尚卡片

观看“时尚卡片”操作视频，可扫描右侧的二维码。

任务小结

本任务通过时尚卡片的制作，使学生理解并掌握了对齐工具的使用，了解了库面板的应用及对图形的简单编辑。

任务 3.2　编辑商业标志

任务描述

本任务将绘制商业标志，并对文本文字进行变形、编辑图形、删除位图图形背景的操作。商业标志的最终效果如图 3-2-1 所示。

图 3-2-1　商业标志的最终效果

知识准备

1. 了解套索工具

套索工具是一种选择工具，主要用于处理位图，不是经常使用。选择套索工具后，会在选项中出现魔术棒及其选项和多边形模式，如图 3-2-2 所示。

（1）多边形模式

在使用套索工具前，首先应该将位图打散，在工具面板中单击【套索工具】按钮及【多边形模式】按钮，在舞台的空白处按住鼠标左键不放，接着沿图像的边缘框选住不必要的部分，最后再回到起点。注意：一定要让绳索的起点和终点交在一起，否则框选就会失败。

（2）魔术棒

如果要选取位图中的同一色彩，可以先设置魔术棒属性。单击【魔术棒设置】按钮，在打开的【魔术棒设置】对话框中设置以下选项：在【阈值】文本框中输入一个 1～200 的值，用于定义将相邻像素包含在所选区域内必须达到的颜色接近程度。数值越高，包含的颜色范围越广。如果输入 0，则只选择与单击的第一个像素的颜色完全相同的像素。在【平滑】下列列表框中选择一个选项，用于定义所选区域的边缘平滑程度，如图 3-2-3 所示。然后用魔术棒单击需要选择的色彩部分，按 Delete 键将其删除。

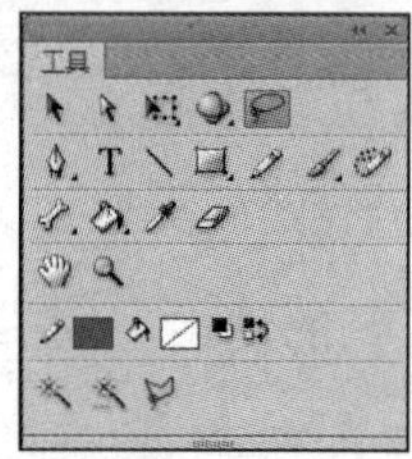

图 3-2-2　套索工具

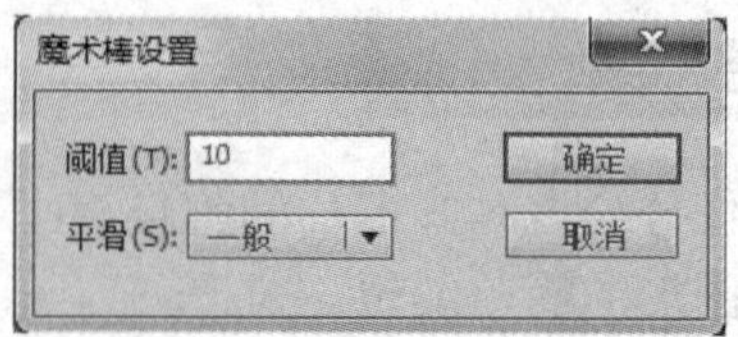

图 3-2-3　魔术棒设置

小提示

Flash 中的套索工具与 Photoshop 软件中的套索工具有区别，它没有 Photoshop 软件中的套索工具那样精准，往往双击选取选区后选区会走样，所以，抠图要小块小块地抠取。按此方法截取所需图片时，在删除时要将显示比例设置大一些，如 400%或 800%，因为显示比例越大，恢复正常显示比例 100%后图像越逼真。删除图片背景最好的方法是在 Photoshop 软件中进行处理，再导入 Flash 软件中操作。

2. 部分选择工具

Flash 的部分选择工具，可以对对象进行多角度的修改。在使用部分选择工具前，首先应该将要处理的文字或图形打散，然后单击【部分选择工具】按钮，最后单击图形，通过节点进行调节，如图 3-2-4 所示。

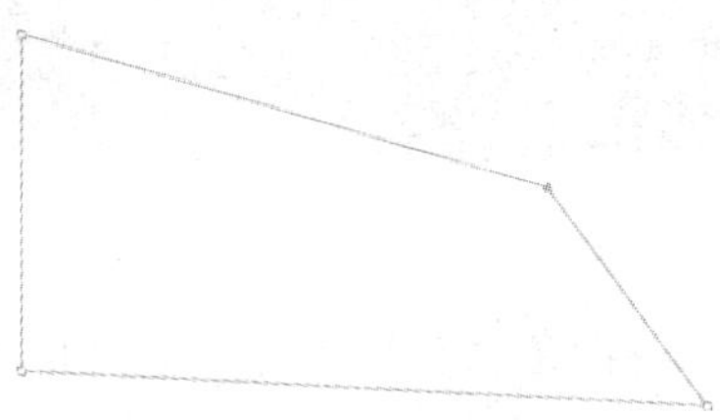

图 3-2-4 节点调整

任务实施

01 启动 Flash CS6，选择【文件】/【新建】命令或按 Ctrl+N 组合键，新建 Flash 文件。大小为 600 像素×200 像素，背景颜色为“#9E2828”。

02 选择【文件】/【导入】/【导入到库】命令，导入文件“天猫.jpg”，并从库中拖至“图层 1”中，调整图片大小，效果如图 3-2-5 所示。

图 3-2-5 导入图片

03 选中图片，选择【窗口】/【对齐】命令，勾选【与舞台对齐】复选框，对齐方式为“垂直中齐”，如图 3-2-6 所示。

04 选中图片，选择【修改】/【分离】命令，或按 Ctrl+B 组合键，分离图片。在工具面板中单击【套索工具】按钮，然后单击【魔术棒】按钮，再单击图片的白色区域，使用 Delete 键删除白色背景，如图 3-2-7 所示。

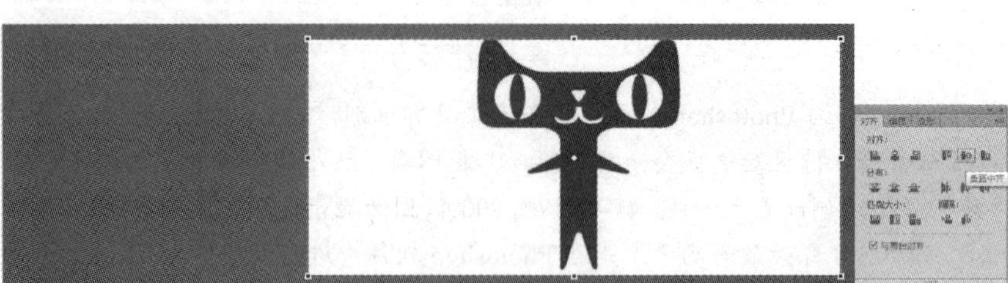

图 3-2-6　垂直对齐

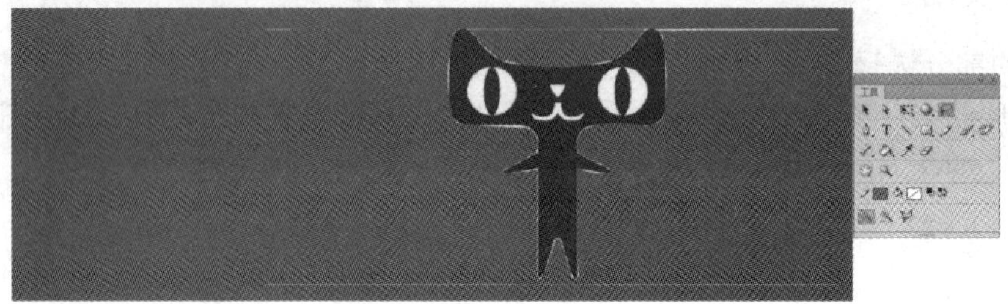

图 3-2-7　删除白色背景

05 如果使用套索工具没有将白色背景删除干净，则可以在工具面板中单击【橡皮擦工具】按钮再次进行删除，效果如图 3-2-8 所示。

图 3-2-8　使用橡皮擦工具删除白色背景

06 调整图形的位置。选中图形，将其拖拉至舞台右侧，效果如图 3-2-9 所示。观看“商业标志背景”操作视频，可扫描下面的二维码。

图 3-2-9　调整位置

商业标志背景

07 在时间轴下方单击【新建】按钮，新建“图层 2”，在工具面板中单击【文本工具】按钮 T，设置字体为“方正兰亭中黑”，字体颜色为白色，文字大小为 60，输入文字“天猫”。选择【修改】/【对齐】命令，勾选【与舞台对齐】复选框，对齐方式为“垂直中齐”，效果如图 3-2-10 所示。

图 3-2-10 “天猫”文字效果

08 选择【修改】/【分离】命令，或按 Ctrl+B 组合键，执行分离命令两次，在工具面板中单击【部分选择工具】按钮，局部调整文字的形状，效果如图 3-2-11 所示。

09 在工具面板中单击【墨水瓶工具】按钮，笔触颜色为灰色，大小为 1，为文字描边，效果如图 3-2-12 所示。

图 3-2-11 调整文字形状

图 3-2-12 文字描边效果

10 在时间轴下方单击【新建】按钮，新建“图层 3”，在工具面板中单击【文本工具】按钮 T，设置字体为“panama”，字体颜色为白色，文字大小为 40，输入文字“TMALL.COM”，对齐方式为“垂直中齐”。选择【修改】/【分离】命令，或按 Ctrl+B 组合键，执行两次分离命令。在工具面板中单击【墨水瓶工具】按钮，笔触颜色为灰色，大小为 1，为文字描边，效果如图 3-2-13 所示。观看“商业标志文字”操作视频，可扫描下面的二维码。

图 3-2-13 最终效果

商业标志文字

11 保存、预览并发布动画。

① 保存文件。选择【文件】/【保存】命令，或按 Ctrl+S 组合键，打开【另存为】对话框，选择保存位置，在【文件名】下拉列表框中输入文件名称“商业标志”，最后单击【保存】按钮即可完成 Flash 文件的保存。

② 预览动画。选择【控制】/【测试影片】/【测试】命令，或按 Ctrl+Enter 组合键，Flash CS6 会调用播放器来测试整个影片，起到预览的作用。

③ 发布动画。选择【文件】/【发布设置】命令，或按 Ctrl+Shift+F12 组合键，打开【发布设置】对话框，发布的类型可以选择 Flash、HTML 包装器、GIF 图像、JPEG 图像、PNG 图像等。

任务小结

本任务通过商业标志的制作，使学生熟练掌握套索工具及部分选择工具的使用，对图形图像进行编辑处理，完成二次创作。

任务 3.3　编辑节日贺卡

任务描述

本任务将应用静态文本、动态文本、输入文本等知识，绘制节日贺卡。节日贺卡的最终效果如图 3-3-1 所示。

图 3-3-1　节日贺卡的最终效果

知识准备

1. 文本工具

在 Flash 中输入文字，可以使用如下三种类型的文本。

1）静态文本：静态文本是在制作时输入固定的，在影片播放的过程中是不能改变的。

2）动态文本：动态文本在制作时可以设置默认值，在影片播放的过程中可以通过 ActionScript 脚本程序改变。

3）输入文本：输入文本与文本框类似，在影片播放的过程中用户可以通过输入设备输入文本。

小提示

在使用动态文本和输入文本时，必须为其创建实例名称，且实例名称尽量遵循见名之义。

2. 文本滤镜

选择文本后，在属性面板的滤镜面板中可为文本添加投影、模糊、渐变发光等滤镜效果。在滤镜面板底部单击【新建】按钮，在弹出的下拉列表框中选择相应的滤镜名称，再对滤镜进行相应的参数设置，即可制作出漂亮的文本特效，如图 3-3-2 所示。

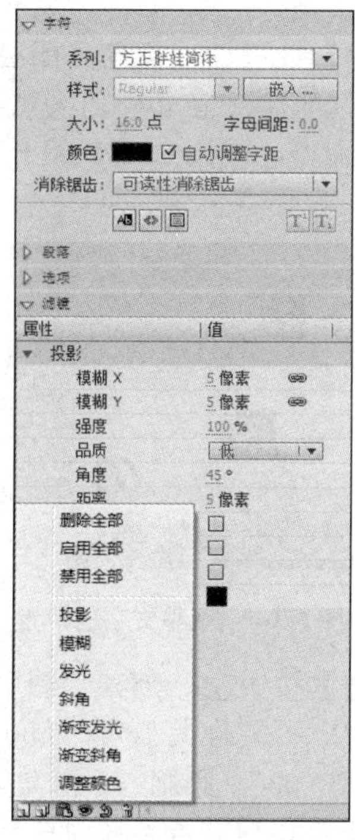

图 3-3-2　文本滤镜

任务实施

01 启动 Flash CS6，选择【文件】/【新建】命令或按 Ctrl+N 组合键，新建 Flash 文件。然后选择【文件】/【导入】/【导入到库】命令，将需要的背景图片从素材文件夹中导入 Flash 的库中。接着打开库面板，将图片从库面板中拖至舞台合适的位置。

02 选中图片，在属性面板中修改图片的大小，单击舞台空白处将舞台的大小设置成和图片大小一致。例如，图片的大小为 800 像素×528 像素，那么舞台的大小也设置成 800 像素×528 像素。

03 选中图片，在属性面板中修改图片的坐标参数：x 轴为“0.00”，y 轴为“0.00”，如图 3-3-3 所示。

图 3-3-3　设定图片的坐标参数

04 在时间轴下方单击【新建】按钮，新建“图层 2”，在工具面板中单击【文本工具】按钮 T，设置字体为“方正胖娃简体”，字体颜色为黑色，文字大小为 90，输入文字“感恩の心”。选择【修改】/【分离】命令，或按 Ctrl+B 组合键，分离文字并调整文字的位置，效果如图 3-3-4 所示。

图 3-3-4　调整文字的位置

05 在时间轴下方单击【新建】按钮，新建“图层 3”，在工具面板中单击【基本矩形工具】按钮，设置笔触颜色为黑色，笔触大小为“3.00”，填充颜色为红色，调整矩形工具属性面板中的矩形边角半径为“50.00”，绘制一个圆角矩形，如图 3-3-5 所示。

06 选择【窗口】/【颜色】命令，填充色为径向渐变，由白到红，单击【颜料桶工具】按钮，对圆角矩形进行填充，如图 3-3-6 所示。

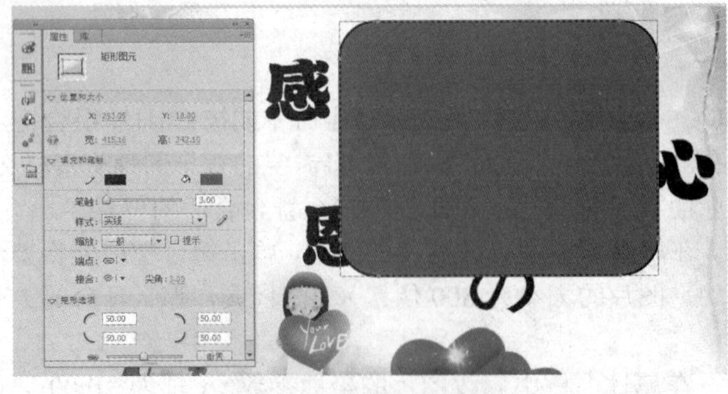

图 3-3-5　绘制圆角矩形

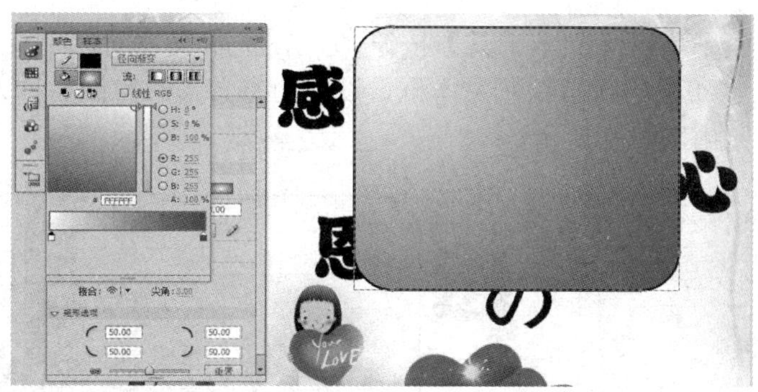

图 3-3-6　渐变填充效果

07 在时间轴下方单击【新建】按钮，新建“图层 4”，在工具面板中单击【文本工具】按钮 T，在文本属性面板中设置文本类型为“输入文本”，在相应的位置上绘制文本框，并设置输入文本的实例名为“aa”，如图 3-3-7 所示。

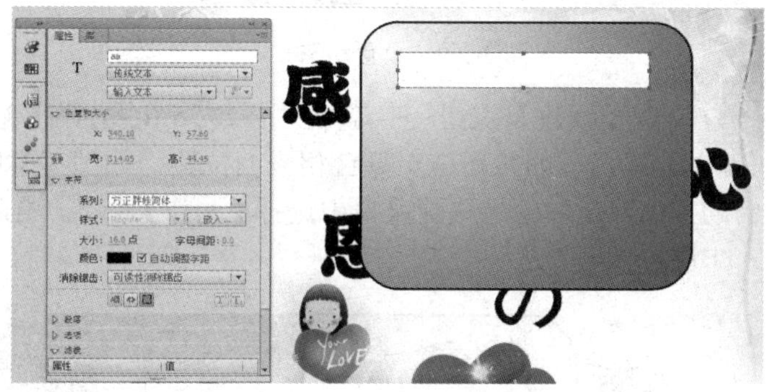

图 3-3-7　设置输入文本

08 在文本属性面板中单击【嵌入】按钮，打开【字体嵌入】对话框，设置字符范围为“全部”，如图 3-3-8 所示。

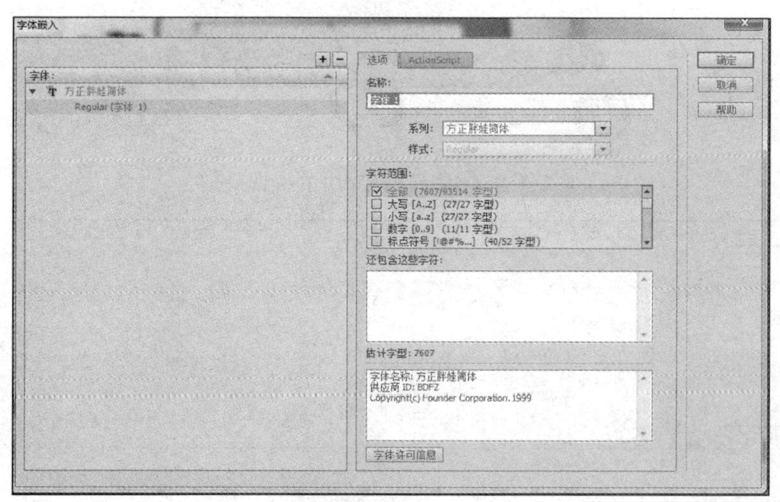

图 3-3-8　“字体嵌入”对话框

09 在工具面板中单击【文本工具】按钮 T，在文本属性面板中设置文本类型为“动态文本”，无边框，在相应的位置绘制文本框，设置动态文本的实例名称为“bb”，段落中的行类型为“多行”，如图 3-3-9 所示。

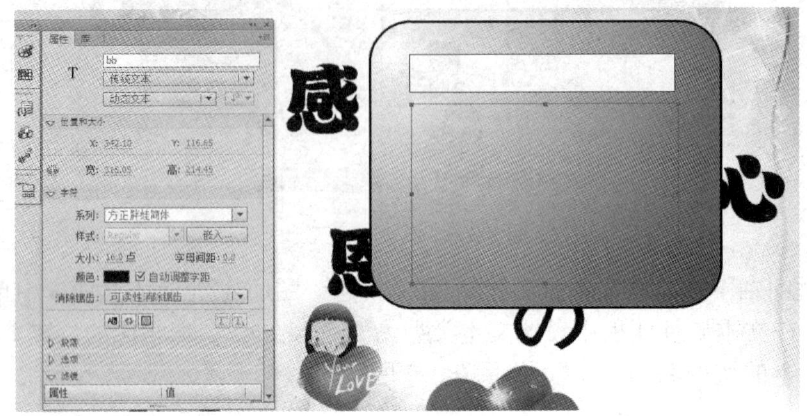

图 3-3-9 设置动态文本

10 在时间轴下方单击【新建】按钮，新建“图层 5”，选择【窗口】/【公用库】/【Buttons】命令，在库中选择合适的按钮拖至舞台相应的位置，如图 3-3-10 所示。

11 右击舞台中的按钮，在弹出的快捷菜单中选择【动作】命令，打开【动作】对话框，输入代码，如图 3-3-11 所示。

图 3-3-10 选择库中的按钮

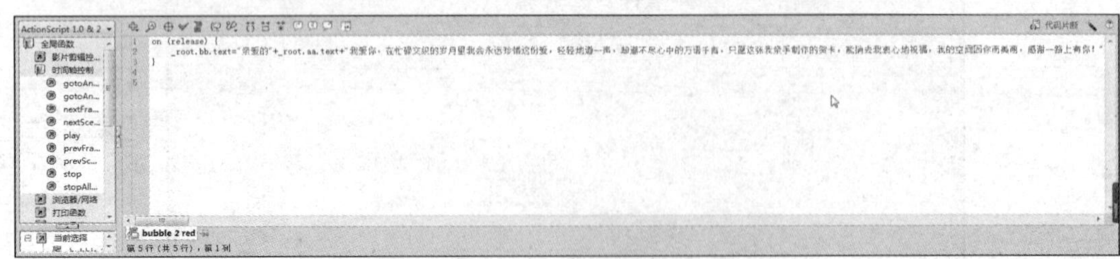

图 3-3-11 按钮代码

12 保存、预览并发布动画。

① 保存文件。选择【文件】/【保存】命令，或按 Ctrl+S 组合键，打开【另存为】对话框，选择保存位置，在【文件名】下拉列表框中输入文件名称“节日贺卡”，最后单击【保存】按钮即可完成 Flash 文件的保存。

② 预览动画。选择【控制】/【测试影片】/【测试】命令，或按 Ctrl+Enter 组合键，Flash CS6 会调用播放器来测试整个影片，起到预览的作用。

③ 发布动画。选择【文件】/【发布设置】命令，或按 Ctrl+Shift+F12 组合键，打开【发布设置】对话框，发布的类型可以选择 Flash、HTML 包装器、GIF 图像、JPEG 图像、PNG 图像等。

节日贺卡

观看“节日贺卡”操作视频，可扫描右侧的二维码。

任务小结

本任务通过一个交互式节日贺卡的制作，使学生熟悉了 Flash CS6 静态文本、动态文本和输入文本之间的区别。

任务 3.4　编辑儿童网站

任务描述

本任务将应用 Flash 的各种绘制编辑工具，绘制出色彩鲜艳、风格明丽的卡通效果，制作一款儿童网站。儿童网站的最终效果如图 3-4-1 所示。

图 3-4-1　儿童网站的最终效果

知识准备

1. 重制选区和变形

在 Flash CS6 中除了可以使用任意变形工具对图形进行变形、旋转及缩放外，还可以通过变形面板实现多种功能，如在旋转的同时进行复制（即重制选区和变形功能）。选择要进行操作的对象后，选择【窗口】/【变形】命令，打开变形面板，面板中各选项的功能及使用方法如下。

（1）缩放操作

将鼠标指针移动到变形面板顶部的数字区，左右拖动可缩小或放大图形，如果在缩放前先单击按钮再进行缩放，则会成比例缩放，即在约束长宽比的基础上进行缩放。如果对缩放效果不满意，可单击【重置】按钮恢复到原始状态。

（2）旋转操作

在变形面板中单击“旋转”选项，将鼠标指针移动到数字区，按住鼠标左键不放左右拖动，可旋转图形。旋转图形后可单击变形面板底部的按钮，进行旋转复制，即重制选区和变形。多次单击按钮，可复制出多个图形。注意：复制时必须先调整好中心点，因为旋转复制会以中心点为基准进行旋转。

（3）倾斜操作

在变形面板中单击“倾斜”选项，将鼠标指针移动到数字区，按住鼠标左键不放进行左右拖动，可对图形进行水平或垂直方向的倾斜操作。

2. 任意变形工具

使用任意变形工具可对图形进行缩放、旋转、倾斜、调整中心点等操作，下面分别介绍各种操作。

（1）缩放操作

使用任意变形工具选择图形后，将鼠标指针移动到某控制框上，拖动鼠标可完成缩放操作，按住 Shift 键的同时拖动可成比例缩放图形。

（2）旋转操作

使用任意变形工具选择图形后，将鼠标指针移动到选框的 4 个顶角外侧，当鼠标指针变成圆形箭头时，可旋转图形。

（3）倾斜操作

使用任意变形工具选择图形后，将鼠标指针移动到选框任意一边的控制柄外侧中心时，可进行倾斜操作。

3. 图形排列

在时间轴中上面图层的内容会遮盖下面图层的内容，如果在同一图层中，则上面的图形会遮盖下面的图形，组合的图形会遮盖矢量图，因此需要调整图形的排列顺序，以便达到正确的显示效果。具体操作为选中图形，选择【修改】/【排列】/【移至顶层】命令，或按 Ctrl+Shift+↑组合键将图形移动到最顶层。至于其他情况，可根据实际需要选择相应的菜单命令。

任务实施

01 启动 Flash CS6，选择【文件】/【新建】命令或按 Ctrl+N 组合键，新建 Flash 文件，修改文档的尺寸为 1000 像素×700 像素。

02 在工具面板中单击【矩形工具】按钮，绘制大小为 1000 像素×700 像素，无边框，填充色为线性渐变，色系为“#6cc922”渐变成“#c2ed6b”的矩形，如图 3-4-2 所示。

03 选择【文件】/【导入】/【导入到库】命令，将需要的图片从素材文件夹中导入 Flash 的库中。在时间轴下方单击【新建】按钮，新建“图层 2”。打开库面板，将“3-4-2.jpg”图片素材从库面板中拖动至“图层 2”，调整大小和位置。选择【修改】/【分离】命令，或按 Ctrl+B 组合键，分离图片。在工具面板中单击【选择工具】按钮，框选出中间部分，按 Delete 键删除，选中下面的图片，拖动至舞台底部，效果如图 3-4-3 所示。

图 3-4-2　渐变填充

图 3-4-3　删除部分图片

04 在工具面板中单击【基本矩形工具】按钮，在矩形属性面板中设置矩形边角半径为“50.00”，在“图层 2”上绘制一个圆角矩形。选择【窗口】/【对齐】命令，勾选【与舞台对齐】复选框，对齐方式为“水平中齐”，如图 3-4-4 所示。

05 选择【修改】/【分离】命令，或按 Ctrl+B 组合键，分离图形对象。在工具面板中单击【选择工具】按钮，选中圆角矩形，按 Delete 键删除圆角矩形，场景发生变化，效果如图 3-4-5 所示。

图 3-4-4　绘制圆角矩形

图 3-4-5　删除圆角矩形

06 在时间轴下方单击【新建】按钮，新建“图层 3”。在工具面板中单击【文本工具】按钮 T，设置字体为“方正胖娃简体”，字体颜色为“#fdd302”，文字大小为 40，输入文字“小太阳幼儿园”。然后选择【修改】/【分离】命令，或按 Ctrl+B 组合键，分离文字并调整文字的位置，效果如图 3-4-6 所示。

图 3-4-6　输入网站名称

07 再次按 Ctrl+B 组合键对每个文字进行分离，在工具面板中单击【墨水瓶工具】按钮，设置笔触大小为“3”，笔触颜色为白色，对文字进行描边，如图 3-4-7 所示。

08 在时间轴下方单击【新建】按钮，新建“图层 4”，在工具面板中单击【文本工具】按钮 T，分别输入“首页”“宝宝乐园”“新闻动态”“宝宝秀场”“健康快车”，设置字体为“方正胖娃简体”，文字大小为 24，字体颜色设置为不同的颜色，体现儿童网站活泼的特性。然后选择【窗口】/【对齐】命令，取消勾选【与舞台对齐】复选框，对齐方式为“垂直中齐”，间隔为“水平平均间隔”，效果如图 3-4-8 所示。观看“儿童网站背景”操作视频，可扫描下面的二维码。

图 3-4-7　文字描边

图 3-4-8　制作网站导航菜单

儿童网站背景

09 修改图层名称，将“图层 1”修改为“bg1”，将“图层 2”修改为“bg2”，将“图层 3”修改为“标题”，将“图层 4”修改为“导航栏”。

10 在时间轴下方单击【按钮】按钮 ，新建一个图层，将图层命名为“通知栏”。打开库面板，将“通知栏.png”图片素材从库面板中拖动至该图层，调整图片的大小和位置。在工具面板中单击【文本工具】按钮 T，输入文字“通知栏”，设置字体为“方正卡通简体”，文字大小为 18，字体颜色为“#865114”，效果如图 3-4-9 所示。在通知栏内输入相应的通知公告，字体设置为黑色，宋体，12 号，文字内容可从“素材”文件夹中复制。

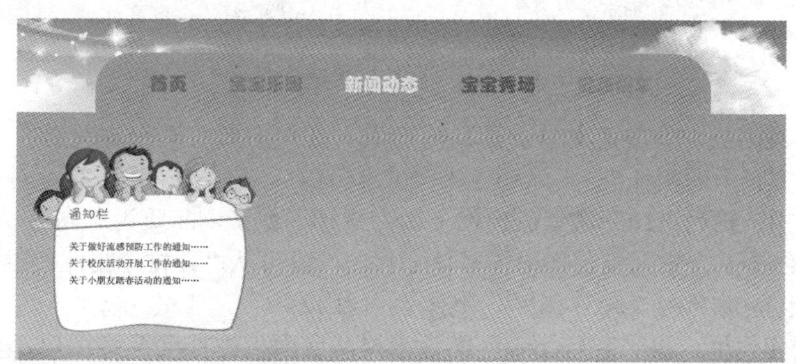

图 3-4-9　绘制通知栏

11 在时间轴下方单击【新建】按钮 ，新建一个图层，将图层命名为“校长寄语”。在工具箱中单击【钢笔工具】按钮 ，设置笔触颜色为“#54b824”，笔触大小为“7”，填充颜色为无色。设置笔触样式，类型为“虚线”，虚线为“6 点”，间距为“10 点”，在舞台中勾勒出图形，如图 3-4-10 所示。

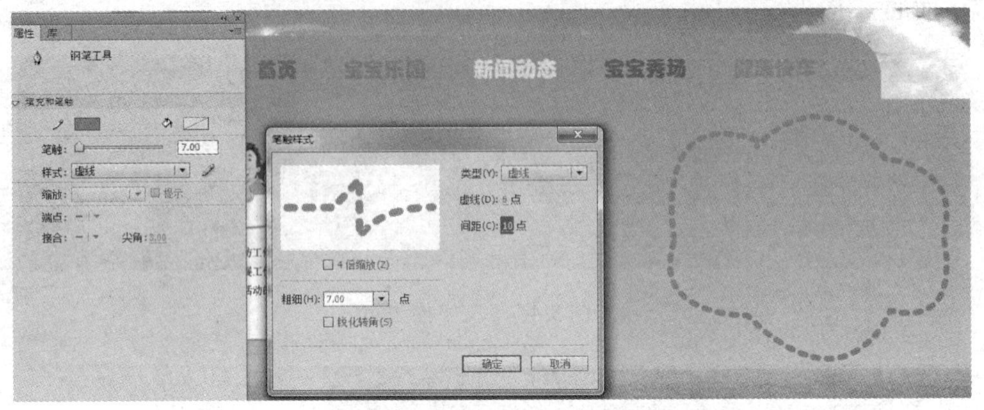

图 3-4-10　绘制虚线轮廓

12 在工具面板中单击【矩形工具】按钮，设置笔触颜色为“#3367DF”，笔触大小为“5”，填充颜色为无色。设置笔触样式，类型为“虚线”，虚线为“6 点”，间距为“10 点”，在舞台中绘制矩形，如图 3-4-11 所示。

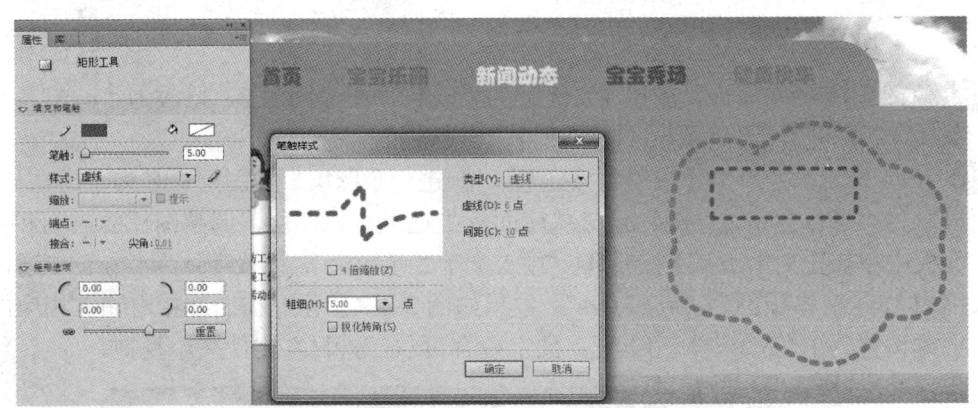

图 3-4-11　绘制矩形虚线框

13 在工具面板中单击【文本工具】按钮 T，在矩形虚线框内输入文字“校长寄语”。设置字体为“方正卡通简体”，字体颜色为“#CA61E4”，字体大小为 32。对文字添加发光滤镜，设置模糊 x 轴为“10”像素，模糊 y 轴为“10”像素，品质为“高”，如图 3-4-12 所示。在矩形虚线框下方输入校长寄语的具体文字，内容可从“素材”文件夹中复制。字体为“方正少儿简体”，颜色为“#0571EF”，字体大小为 12。

14 打开库面板，将“3-4-3.png”图片素材从库面板中拖动至该图层，调整图片的大小和位置，效果如图 3-4-13 所示。观看“儿童网站场景绘制”操作视频，可扫描下面的二维码。

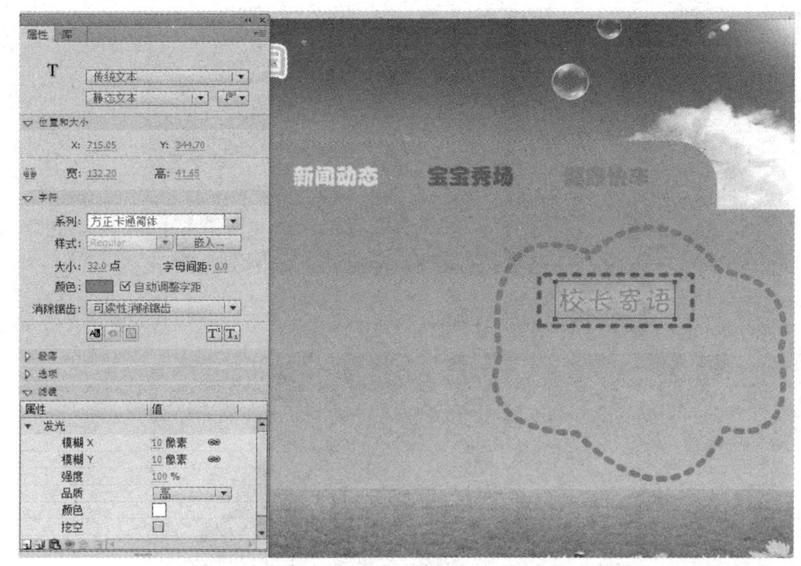

图 3-4-12　输入文字

儿童网站场景绘制

图 3-4-13　设置图片“3-4-3.png”的位置及大小

15 在时间轴下方单击【新建】按钮，新建一个图层，将图层命名为“卫生保健”。绘制圆角矩形，在工具面板中单击【矩形工具】按钮，设置矩形边角半径为“20”，填充为线性渐变，颜色从“#FE8200”渐变到“#FFB100”。在工具面板中单击【文本工具】按钮 T，在圆角矩形上输入文字“卫生保健”，文字大小为 16，颜色为白色，字体为“方正少儿简体”。再输入大小为 12 的文字“More”。选中这三项，选择【窗口】/【对齐】命令，打开对齐面板取消勾选【与舞台对齐】复选框，设置对齐方式为“垂直中齐”，如图 3-4-14 所示。

16 输入具体的链接文字，文字内容可从“素材”文件夹中复制。设置字体大小为 12，字体为宋体，字体颜色为黑色，如图 3-4-15 所示。

图 3-4-14　文字对齐

图 3-4-15　输入链接文字

17 打开库面板，将“3-4-4.png”图片素材从库面板中拖动至该图层，调整图片的大小和位置，效果如图 3-4-16 所示。

图 3-4-16　设置图片“3-4-4.png”的位置及大小

18 保存、预览并发布动画。

① 保存文件。选择【文件】/【保存】命令，或按 Ctrl+S 组合键，打开【另存为】对话框，选择保存位置，在【文件名】下拉列表框中输入文件名称“儿童网站”，最后单击【保

存】按钮即可完成 Flash 文件的保存。

② 预览动画。选择【控制】/【测试影片】/【测试】命令，或按 Ctrl+Enter 组合键，Flash CS6 会调用播放器来测试整个影片，起到预览的作用。

儿童网站

③ 发布动画。选择【文件】/【发布设置】命令，或按 Ctrl+Shift+F12 组合键，打开【发布设置】对话框，发布的类型可以选择 Flash、HTML 包装器、GIF 图像、JPEG 图像、PNG 图像等。

观看“儿童网站”操作视频，可扫描右侧的二维码。

任务小结

本任务通过儿童网站的制作，使学生熟悉了选择工具、基本绘图工具、编辑工具、图形对齐、文本工具的综合运用，提高了学生的技能水平及自主创新水平。

拓 展 知 识

如何将位图转换为矢量图

1）首先选中图片，然后选择【修改】/【位图】/【转换位图为矢量图】命令，如图 3-4-17 所示。

图 3-4-17　转换位图

2）设置【转换位图为矢量图】对话框，如图 3-4-18 所示。

在转换之前根据所需要的效果来设置颜色阈值、最小区域、角阈值和曲线拟合。

1. 颜色阈值

参数范围：1～500。两个像素相比时，颜色低于设定的颜色阈值，则认为两个像素相同。阈值越大，转换后矢量图的颜色减少。

2. 最小区域

参数范围：1～1000。最小区域表示指定像素颜色时，需要考虑的周围像素的数量。

3. 角阈值

角阈值选项包括“较多转角”“一般”“较少转角”。角阈值决定生成的矢量图中保留锐利边缘还是平滑处理，如图 3-4-19 所示。

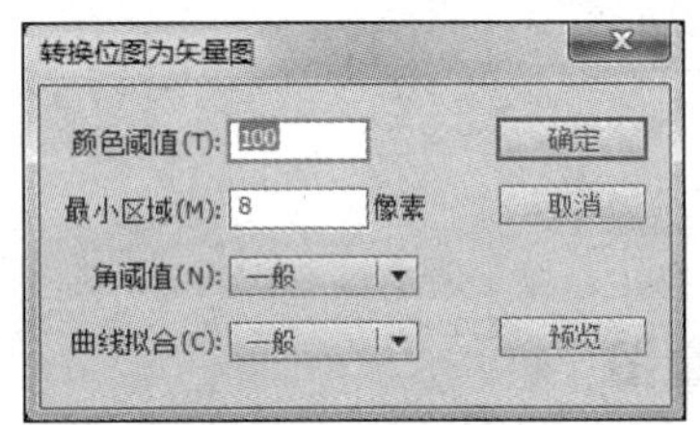

图 3-4-18 【转换位图为矢量图】对话框

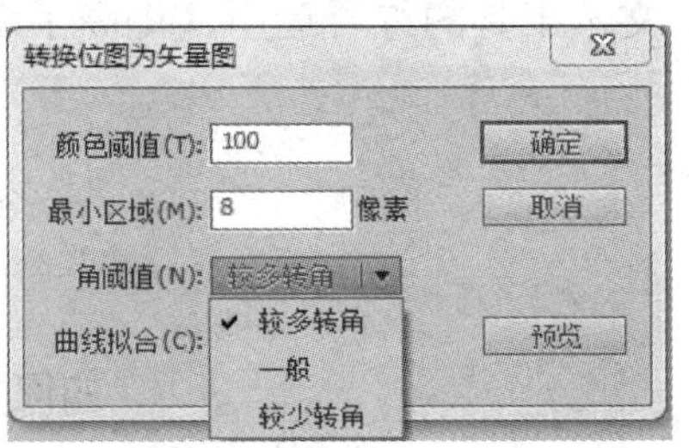

图 3-4-19 角阈值选项

4. 曲线拟合

曲线拟合选项包括“像素”“非常紧密”“紧密”“一般”“平滑”“非常平滑”。曲线拟合决定生成的矢量图的轮廓和区域的黏合程度，如图 3-4-20 所示。一般由位图转换生成的矢量图文件大小要缩小，如果原始的位图形状复杂、颜色较多则可能生成的矢量图的大小要增加。如果要使生成后的矢量图不失真，就要把颜色阈值和最小区域的值调低，角阈值和曲线拟合两项设置为“较多转角”和“非常紧密”，这样得到的图形文件会增大，但转换出的画面较精细，矢量图的体积也较大，如图 3-4-20 所示。

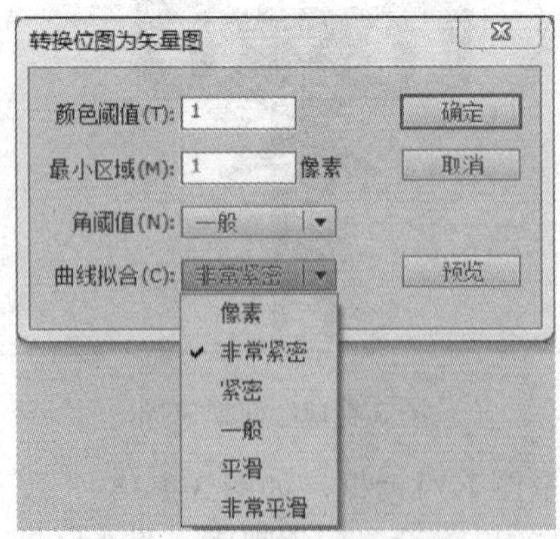

图 3-4-20 曲线拟合选项

课 后 练 习

创建一个 Flash 文档，并导入素材图像，最终效果如下面题图所示。

题图　Flash 文档效果

基本动画的制作

Flash 之所以被称为动画制作软件，是因为通过 Flash 可以制作各式各样的动画。在掌握了图形绘制与编辑的方法后，就可以制作 Flash 动画了。Flash 中提供了多种动画，如逐帧动画、形状补间动画、传统补间动画和补间动画等。本项目将学习各种动画的制作方法。

知识目标

1. 识记元件、关键帧的概念。
2. 了解逐帧动画、传统补间动画及形状补间动画的概念。
3. 熟悉 Flash CS6 中补间动画与补间形状的含义。

技能目标

1. 掌握逐帧动画、传统补间动画和补间动画的制作方法。
2. 能利用逐帧动画制作文字的动态效果。
3. 能利用传统补间动画制作动态卡通形象及动画效果。

任务 4.1 制作男孩大笑基本动画

任务描述

本任务将利用逐帧动画原理，介绍使用 Flash 制作逐帧动画的制作方法，并结合实际制作出有趣的动画效果。男孩大笑的最终效果如图 4-1-1 所示。

观看“男孩大笑动画效果”视频，可扫描下面的二维码。

(a)

(b)

图 4-1-1 男孩大笑的最终效果

男孩大笑动画效果

知识准备

1. 元件的类型

元件是构成动画的基础，可以反复使用，因而大大提高了工作效率。Flash 中的元件有 3 种类型，即图形元件、影片剪辑元件和按钮元件。

（1）图形元件

图形元件用于创建可反复使用的图形，如在制作星空场景时需要许多大小不一的星星，就可以创建一个星星图形元件，之后重复使用这个图形元件时，只需要根据实例调整其大小即可。

（2）影片剪辑元件

影片剪辑元件是使用最多的元件类型。使用影片剪辑元件可以像图形元件一样实现静止不动的效果（只在第一帧中放置图形，在其他帧不放置任何对象，如果在其他帧还放置有对象，则影片剪辑元件实例将具有动画效果），或者是一小段动画效果，如闪烁的星星效果等。

（3）按钮元件

按钮元件主要用于实现与用户的交互，如单击【播放】按钮，实现影片的播放；单击【停止】按钮，停止影片的播放等。按钮元件实例可以响应鼠标事件，按钮元件包括“弹起”“指针经过”“按下”和“点击”4 种状态。通常情况下，可以通过在不同的帧中改变按钮的颜色、样式及文本的颜色等属性，以实现在不同的状态下使按钮显示不同的效果。另外，也可以在不同的状态中添加影片剪辑元件实现动画效果，如在“指针经过”帧中添加一个爆炸烟花效果的影片剪辑元件，只要将鼠标指针移动到该按钮元件实例上，就会播放爆炸烟花效果的影片。

小提示

图形元件不能添加交互行为和声音控制，而影片剪辑元件和按钮元件可以。

2. 创建与转换元件的方法

选择【插入】/【新建元件】命令，或按 Ctrl+F8 组合键，在打开的【创建新元件】对话框中选择元件类型，并输入元件名称，然后单击【确定】按钮即可进入元件编辑窗口（图形元件与影片剪辑元件的编辑窗口基本相同，按钮元件的编辑窗口则完全不同），如图 4-1-2 所示。

图 4-1-2 【创建新元件】对话框

小提示

在元件编辑窗口中编辑完元件后，可单击舞台顶部的按钮⇦或按钮 场景 1，返回到主场景中。在库面板中可以查看已创建的元件，其中图标表示图形元件，图标表示影片剪辑元件，图标则表示按钮元件。

除了可以直接创建元件外，还可以在舞台中将绘制好的图形转换为元件。在舞台中绘制好的图形上右击，在弹出的快捷菜单中选择【转换为元件】菜单命令，在打开的【转换为元件】对话框中输入元件名称、选择元件类型后，单击【确定】按钮即可完成转换，如图 4-1-3 所示。双击转换后的元件实例可打开编辑窗口，在其中可以继续对元件进行编辑。

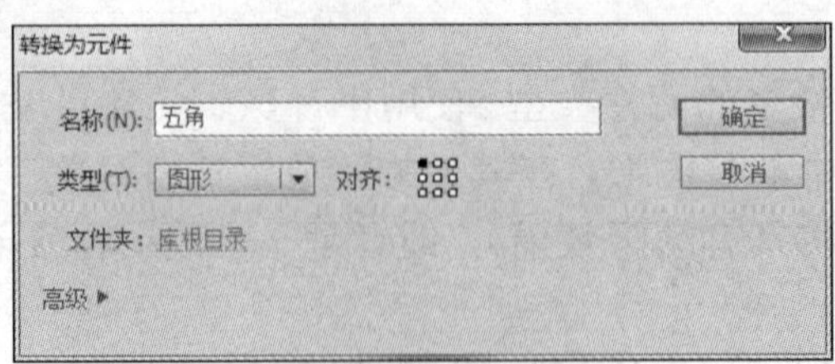

图 4-1-3 【转换为元件】对话框

3. 帧的类型及创建方法

在 Flash CS6 中包括普通帧（显示为▯）、关键帧（显示为●）、空白关键帧（显示为○）3

种帧的类型，其中各帧的特点如下。

（1）普通帧

普通帧在动画的播放过程中只是起延长内容显示的功能。普通帧在时间轴中以空心矩形▯表示，按 F5 键可以创建普通帧。

（2）关键帧

关键帧指在动画播放过程中，呈现出关键性动作或内容变化的帧。关键帧包括关键帧和空白关键帧。空白关键帧在时间轴中以空心小圆圈○来表示。如果在空白关键帧中添加内容，则会变成关键帧，关键帧在时间轴中以一个黑色的实心圆圈●来表示。按 F6 键可以创建关键帧，按 F7 键可以创建空白关键帧。

4. 逐帧动画原理

利用逐帧动画可以较细致地创作出任意动画效果。由于每个帧的内容都需要手动编辑，工具量非常大，而且各帧都包含了不同的内容，因此 Flash 文件相对较大。

要创建逐帧动画，需要将每一帧都定义为关键帧，在每个帧中创建不同的图形。通常情况下需要先绘制好每一帧中的图形，再新增加关键帧，并修改舞台中的图形（插入关键帧时，则是将上一关键帧的内容复制到该帧中，因此可以快速修改图形局部从而完成新的帧中图形的绘制与调整）。

5. 逐帧动画制作技巧

由于逐帧动画所涉及的帧的内容都需要手动编辑，因此任务量比较大，所以在确定使用逐帧动画的时候，一定要做好思想准备，要有目的地使用逐帧动画，把作品中最能体现主体的动作、表情用逐帧动画来表现。在制作逐帧动画时一定要注意两帧之间的联系，要逐帧一点一点地变化，跳跃不要太大，可以借助绘图纸外观工具来观察前一帧，或者全部帧的变化，这对于精确把握动画效果有极大的帮助。在时间轴底部单击【绘图纸外观】按钮，在舞台中即可查看前后帧中的画面（前后帧中的画面用较淡的灰色进行显示，当前帧则原样显示）。另外，在制作逐帧动画的时候可以灵活应用空白关键帧，即在关键帧后插入几个空白关键帧，使动画效果更加自然。

任务实施

01 启动 Flash CS6，选择【文件】/【新建】命令或按 Ctrl+N 组合键，或在欢迎界面的“新建”选项组中进行选择，新建 Flash 文档。修改文档的尺寸为 550 像素×300 像素，设置帧频为 6 帧（fps），背景颜色为黑色，单击【确定】按钮。

02 将“图层 1”重命名为“花园”，选择【文件】/【导入】/【导入到库】命令，打开【导入】对话框，选择图片位置。在文件列表中选择需要导入的文件“花园.JPEG”，单击【开始】按钮，将图片素材导入舞台中。接着选择【窗口】/【对齐】命令，将图片与舞台居中对齐。

03 选择【插入】/【新建元件】命令，或按 Ctrl+F8 组合键，打开【创建新元件】对话框，输入元件名称“男孩”，选择元件类型为“图形”，如图 4-1-4 所示。

04 在工具面板中单击【选择工具】按钮，将“男孩”元件头部之外的部位全选，按 Ctrl+G 组合键，将图形组合。

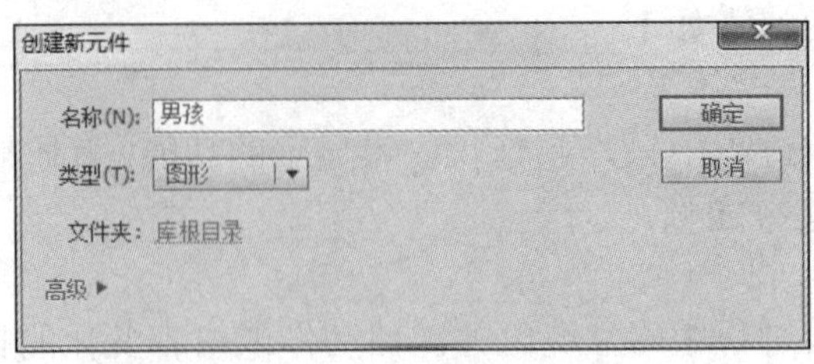

图 4-1-4 创建“男孩”图形元件

05 将男孩头部选中，右击，在弹出的快捷菜单中选择【转换为元件】命令，在打开的【转换为元件】对话框中输入元件名称“头部”，选择元件类型为“图形”，单击【确定】按钮，再创建一个图形元件，如图 4-1-5 所示。

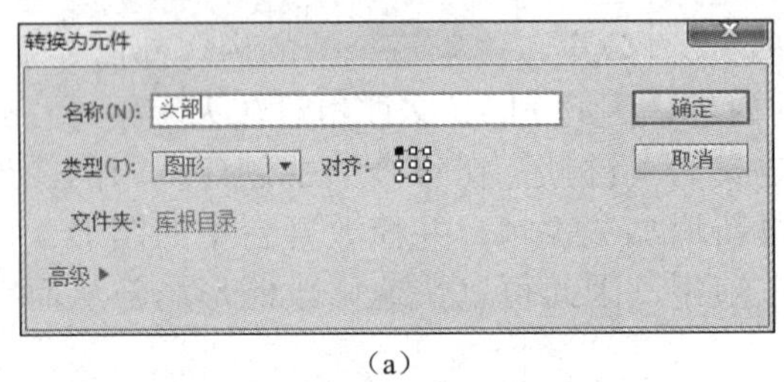

（a）

（b）

图 4-1-5 创建“头部”图形元件

06 用同样的方法制作元件。在工具面板中单击【选择工具】按钮，将男孩的眉毛选中，右击，在弹出的快捷菜单中选择【转换为元件】命令，在打开的【转换为元件】对话框中输入元件名称“眉毛”。在工具面板中单击【选择工具】按钮，将男孩的嘴巴选中，右击，在弹出的快捷菜单中选择【转换为元件】命令，在打开的【转换为元件】对话框中输入元件名称“嘴巴”。

07 编辑“眉毛”元件。分别在第 3 帧、第 4 帧处插入关键帧与普通帧，并修改第 3 帧的元件属性。单击【选择工具】按钮，将“眉毛”的高度适当调高。然后单击【绘图纸外观】按钮，依据第 1 帧的动作调整第 3 帧图形的位置，如图 4-1-6 所示。

知识链接

绘图纸外观

在时间轴下方单击【绘图纸外观】按钮，时间轴上出现两个圆圈，分别代表洋葱皮的起始帧与终止帧，凡是在这个范围内的帧都可在同一时间进行显示。洋葱皮模式的作用主要是进行多帧编辑，在进行起始帧与终止帧的元素精确定位时，使用这个工具显示两帧，可以方便地画出中间的过程。

08 用同样的方法，编辑“嘴巴”元件。在第 1 帧、第 2 帧处分别插入两个关键帧。选中第 2 个关键帧的时候，单击【任意变形工具】按钮，将“嘴巴”的图形选中，并进行适当放大。此时可以单击【绘图纸外观】按钮，方便观察调整。再将第 1 帧、第 2 帧的内容复制到第 3 帧和第 4 帧，如图 4-1-7 所示。观看“创建男孩头部元件”操作视频，可扫描下面的二维码。

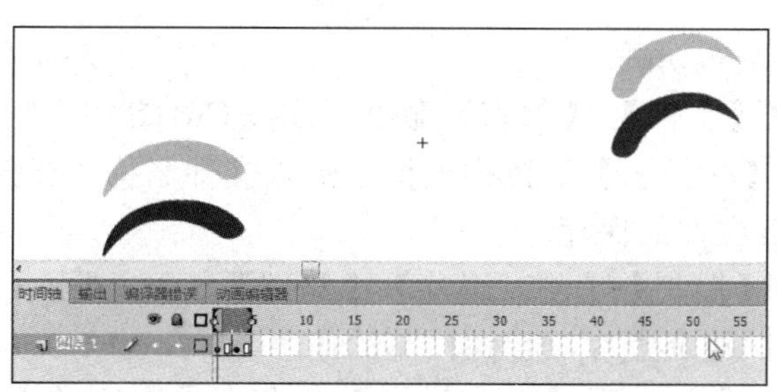

图 4-1-6　“眉毛”元件的动画效果

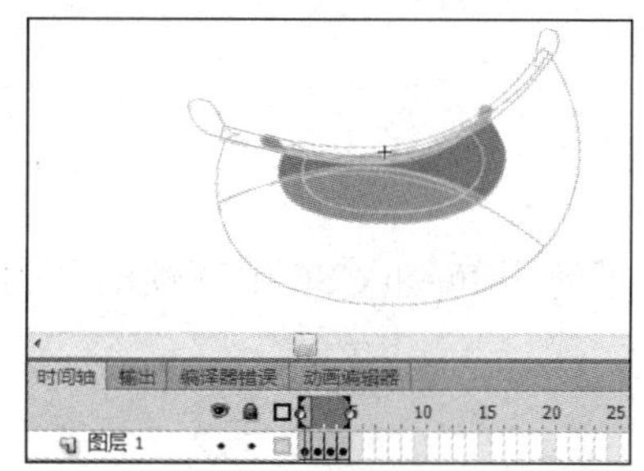

图 4-1-7　“嘴巴”元件的动画效果

创建男孩头部元件

09 此时观察“头部”元件，发现人物头部的“眉毛”与“嘴巴”在动。

10 单击舞台窗口左上方的“场景 1”图标，切换至“场景 1”的舞台窗口。在时间轴下方单击【新建】按钮，新建两个图层，将图层命名为“男孩”和“头部”。并在第 8 帧处按 F5 键插入普通帧，将元件分别调整到合适的位置，如图 4-1-8 所示。

11 按 Enter 键，测试动画效果。如果此时播放动画会发现人物笑起来还是有点僵硬，可以对头部的位置进行以下调整：在图层“头部”的第 2 帧创建关键帧，单击【选择工具】按钮，将头部的位置适当下移。

12 选中图层“头部”的第 1 个关键帧与第 2 个关键帧，按 Ctrl+C、Ctrl+V 组合键，将其在时间轴上依次复制四次，这样“男孩大笑”的动画就完成了。观看“男孩大笑”操作视频，可扫描下面的二维码。

图 4-1-8　调整元件的位置

男孩大笑

13 保存、预览并发布动画。

① 保存文件。选择【文件】/【保存】命令，或按 Ctrl+S 组合键，打开【另存为】对话框，选择保存位置，在【文件名】下拉列表框中输入文件名称“男孩大笑”，最后单击【保存】按钮即可完成 Flash 文件的保存。

② 预览动画。选择【控制】/【测试影片】/【测试】命令，或按 Ctrl+Enter 组合键，Flash CS6 会调用播放器来测试整个影片，起到预览的作用。

③ 发布动画。选择【文件】/【发布设置】命令，或按 Ctrl+Shift+F12 组合键，打开【发布设置】对话框，发布的类型可以选择 Flash、HTML 包装器、GIF 图像、JPEG 图像、PNG 图像等。

任务小结

本任务通过制作“男孩大笑”的动画，使学生了解了 Flash CS6 中逐帧动画的制作方法，最终制作出一个完整的男孩大笑的动画效果。

任务 4.2　制作圣诞贺卡基本动画

任务描述

在 Flash 中制作动态动画的关键步骤是对时间轴的使用，通过时间轴可以在不同的帧或图层中添加不同的图像和内容，最后通过播放不同帧的内容，使动画成为可能。本任务将介绍补间动画的制作原理，使学生学习使用 Flash 制作补间动画的方法，并结合实际制作出热闹动感的圣诞贺卡动画效果。圣诞贺卡的最终效果如图 4-2-1 所示。

观看“圣诞贺卡动画效果”视频，可扫描下面的二维码。

（a）

（b）

图 4-2-1　圣诞贺卡的最终效果

圣诞贺卡动画效果

知识准备

1. 传统补间动画

Flash CS6 中有“补间动画”“传统补间”“补间形状”3 种补间动画，其中“传统补间”和“补间形状”是 Flash 老版本中已有的动画类型。传统补间动画首先创建首尾两个关键帧，并设置这两个关键帧的不同属性（如图形的缩放、远近、位置、颜色等），然后由 Flash 自动根据其差异生成中间的过渡效果。图 4-2-2 所示为创建的圆球由大变小的动画，其中首先在第 1 帧处绘制好球形并转换为元件，然后在第 30 帧处插入关键帧，接着在第 1 帧上右击，在弹出的快捷菜单中选择【创建传统补间】命令，最后调整首尾两帧中图形的属性（如调整球形的大小）即可。

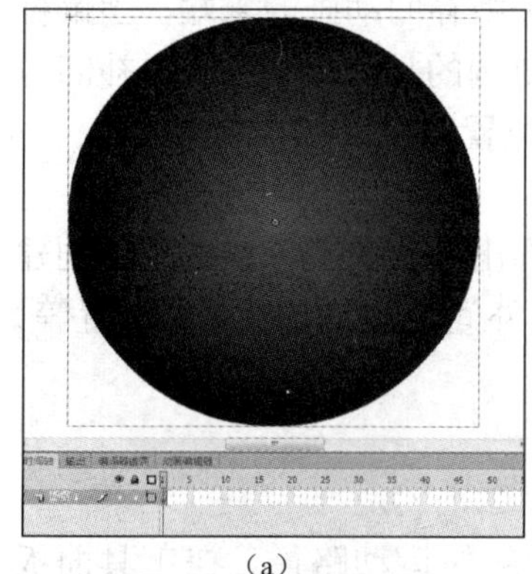

（a）

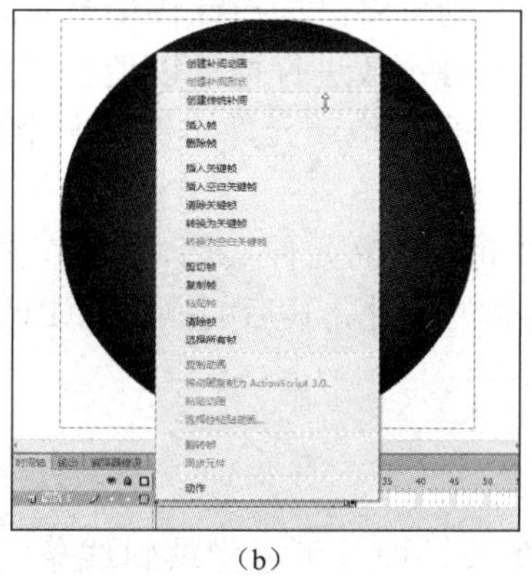

（b）

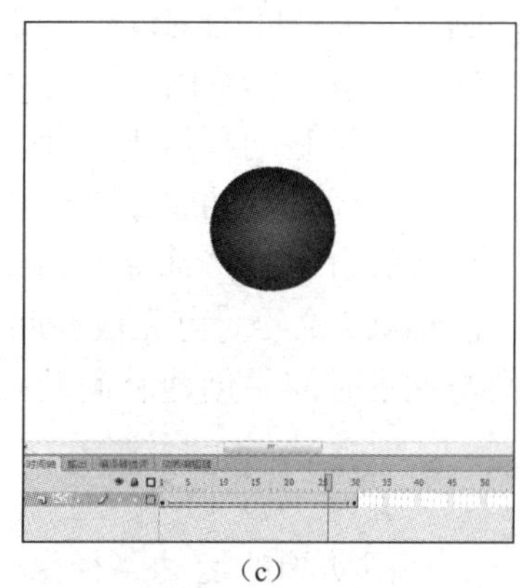

（c）

图 4-2-2　圆球由大变小的补间动画

小提示

创建传统补间时，动画对象一定是元件，因此在创建传统补间动画前应将图形转换为元件，再创建补间动画。如果未进行转换元件，则 Flash 将自动转换图形为元件。

2. 传统补间与补间动画的差别

1）关键帧不同：传统补间使用关键帧，而补间动画使用属性关键帧。关键帧是其中显示对象的新实例的帧。补间动画只能具有一个与之关联的对象实例，并使用属性关键帧而不是关键帧。补间动画在整个补间范围内由一个目标对象组成。

2）转换类型不同：如果用户对未转换为元件的对象创建补间动画，Flash 会将其转换为影片剪辑元件，而传统补间动画则会将其转换为图形元件。

3）文本支持不同：补间动画将文本视为可补间的类型，而传统补间将文本对象转换为图形元件。

4）允许帧脚本不同：补间动画范围内不允许帧脚本，而传统补间允许帧脚本。

5）缓动支持不同：对于传统补间，缓动可应用于补间内关键帧之间的帧组。对于补间动画，缓动可应用于补间动画范围的整个长度。若仅对补间动画的特定帧应用缓动，则需要创建自定义缓动曲线。

6）3D 支持不同：只可以使用补间动画来为 3D 对象创建动画，无法使用传统补间为 3D 对象创建动画。

3. 创建补间动画

补间动画中的最小构造块是补间范围，它只能包含一个元件实例。元件实例称为补间范围的目标实例。可以通过两种方式创建补间动画。

（1）通过时间轴创建

在时间轴上选择要创建补间动画的关键帧，选择【插入】/【创建补间动画】命令，或右击，在弹出的快捷菜单中选择【创建补间动画】命令，Flash 将默认的补间范围创建补间动画。如果补间范围过长或边短，则可将鼠标指针移动至时间轴中补间动画的末端，当鼠标指针变为双向箭头时，按住鼠标左键不放进行拖动以调整补间范围的长度。然后选中补间范围内需要调整动画效果的帧，在舞台中拖动元件实例至一个新位置即可。

（2）通过运动对象创建

在舞台中直接选择要创建补间动画的元件实例，右击，在弹出的快捷菜单中选择【创建补间动画】命令，可完成补间动画的创建，其后的操作（如调整补间范围、调整对象位置等）则与通过时间轴创建补间动画相同。

4. 编辑补间的运动路径

补间动画的运动路径像一条线，而且可以像编辑线条一样编辑运动路径。在工具面板中单击【选择工具】按钮，将鼠标指针移动至运动路径上进行拖动可以调整运动路径的曲线。

5. 调整实例的属性

补间动画中的元件实例除了设置位置属性外，还可以设置颜色、滤镜等属性。在时间轴中补间动画的补间范围内选择要调整实例属性的帧，在舞台中选择元件实例，再在属性面板中进行相应的设置即可，如图 4-2-3 所示。设置元件实例的 Alpha 属性，动画具有淡出的效果。

（a）设置元件的 Alpha 值为 100%

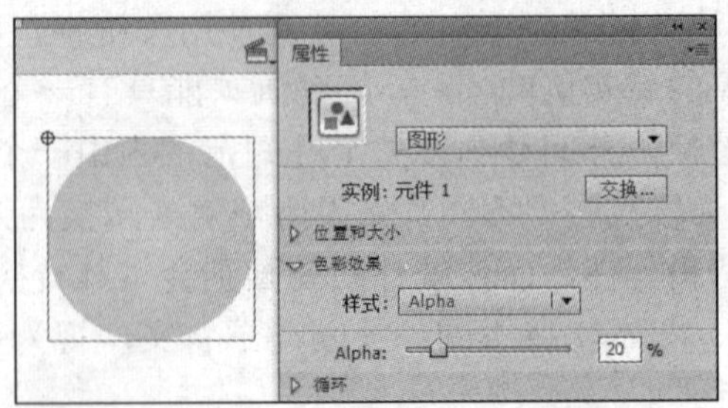

（b）设置元件的 Alpha 值为 20%

图 4-2-3　元件的 Alpha 属性设置

任务实施

1. 创建文档

01 启动 Flash CS6，选择【文件】/【新建】命令或按 Ctrl+N 组合键，或在欢迎界面的“新建”选项组中进行选择，新建 Flash 文档，文件命名为“圣诞快乐”。

02 在属性面板中，修改文档的尺寸为 575 像素×600 像素，设置帧频为 12 帧（fps），背景颜色为白色。

03 修改图层名称，将“图层 1”修改为“底图”。

2. 设置舞台背景

01 选择【文件】/【导入】/【导入到库】命令，将需要的背景图片从素材文件夹导入 Flash 的库中，打开库面板，将背景图片从库面板中拖动至舞台合适的位置，使用对齐工具将图片与舞台对齐。

02 在时间轴下方单击【新建】按钮，新建一个图层，将图层命名为“2016”。将素材中“2016”这几个图形化的数字放置于舞台，单击【选择工具】按钮调整好图形位置，如图 4-2-4 所示。观看“制作圣诞贺卡背景”操作视频，可扫描下面的二维码。

图 4-2-4　调整图形位置

制作圣诞贺卡背景

03 在“底图”图层的第 12 帧处按 F5 插入普通帧，将该图层延长至第 12 帧。

04 将“2016”四个数字分别转化为图形元件，使用任意变形工具将图层中所有图形的轴心都移动到图形上方牵引线的顶端，分别重命名为“2”“0”“1”“6”。再选中该元件右击，在弹出的快捷菜单中选择【分散到图层】命令，将这四个数字元件分别分散到四个图层中，如图 4-2-5 所示。

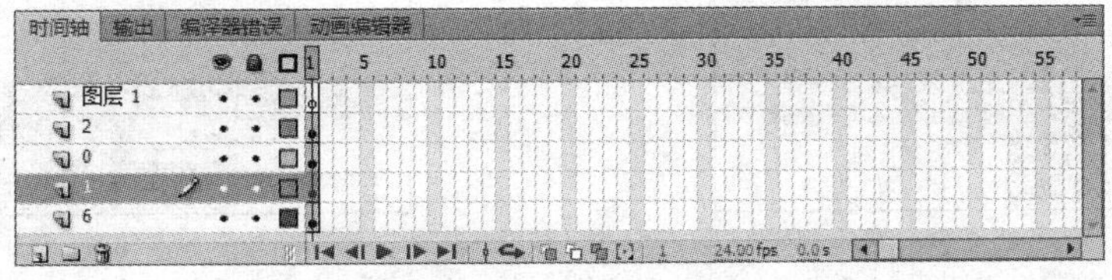

图 4-2-5　分散到图层中

3. 创建传统补间动画

为了方便观察，现将图层“底图”隐藏。

01 选中图层“2”，分别在第 4 帧、第 8 帧、第 12 帧处，按 F6 键插入关键帧。

02 选择第 4 帧中的元件，在工具面板中单击【任意变形工具】按钮，将其旋转属性的数值调整为“8”，将第 8 帧处旋转属性的数值调整为“-8”，如图 4-2-6 所示。

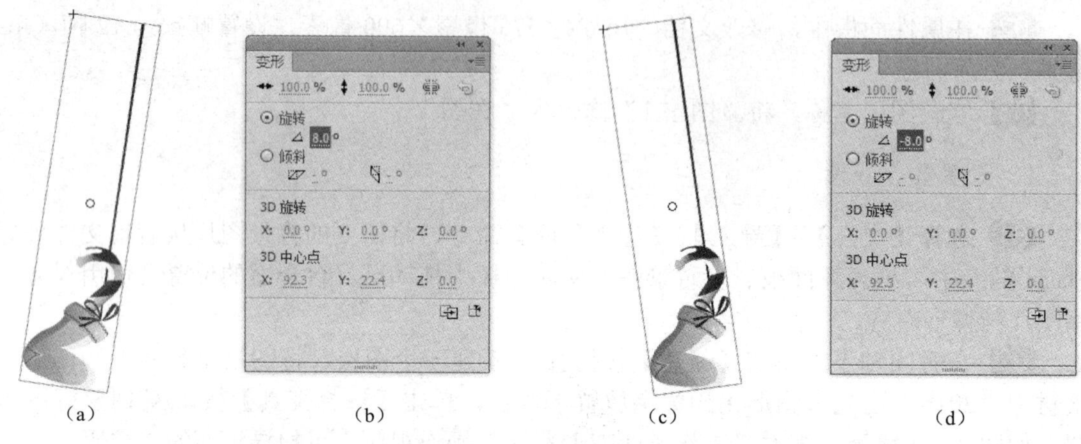

（a）（b）（c）（d）

图 4-2-6 设置旋转属性

03 分别为每两个关键帧之间创建传统补间动画。分别在第 1 帧、第 4 帧、第 8 帧上右击，在弹出的快捷菜单中选择【创建传统补间】命令，如图 4-2-7 所示。

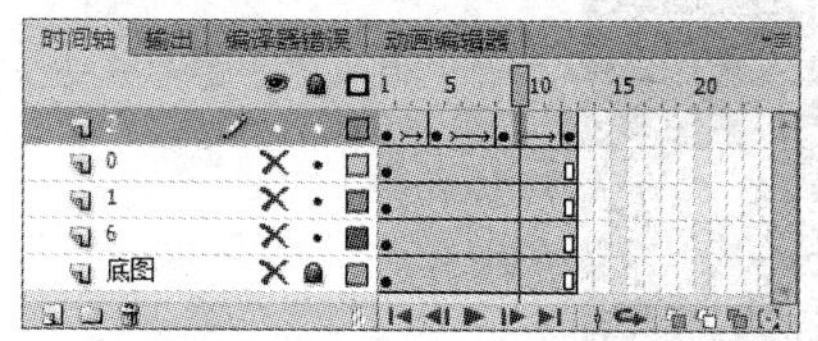

图 4-2-7 创建传统补间动画

04 用同样的方法，分别为图层“0”“1”“6”创建传统补间动画，如图 4-2-8 所示。

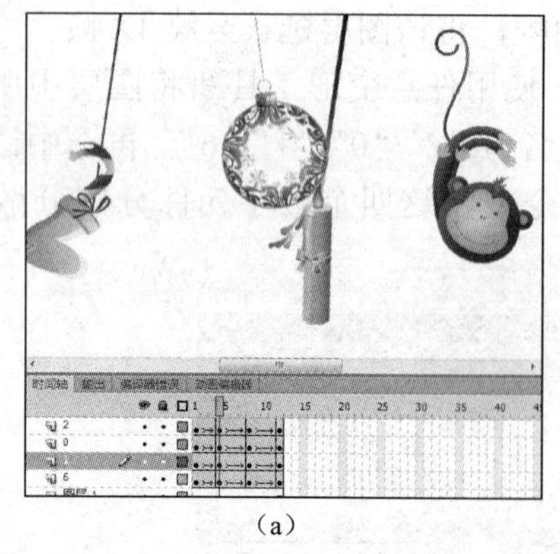

（a）

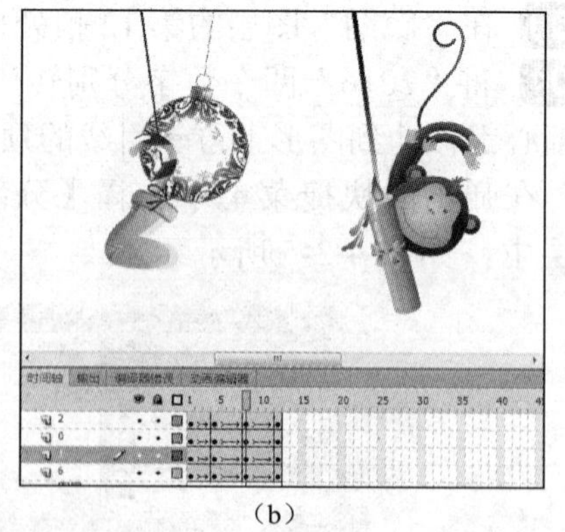

（b）

图 4-2-8 各图层的传统补间动画

05 将【底图】图层显示，按 Ctrl+Enter 组合键预览动画效果会发现，“2”“0”“1”“6”这几个图形化的数字在左右摇摆，十分动感，如图 4-2-9 所示。观看“制作圣诞贺卡动画”操作视频，可扫描下面的二维码。

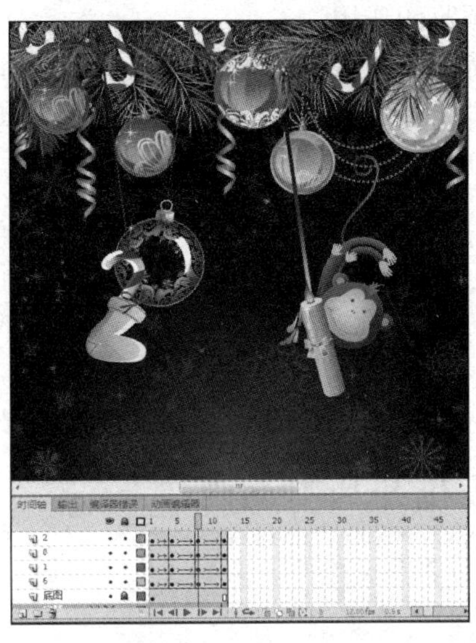

图 4-2-9　数字的动画效果

制作圣诞贺卡动画

4. 添加字幕动画

01 在时间轴下方单击【新建】按钮，新建一个图层，将图层命名为“字幕”。在工具面板中单击【文本工具】按钮 T，输入文字“Merry Christmas”。在工具面板中单击【选择工具】按钮将文字选中，右击，在弹出的快捷菜单中选择【转换为元件】命令，在打开的【转换为元件】对话框中输入元件名称“文字”。

02 选中【字幕】图层，将鼠标指针移动至第 12 帧处，按 F6 键插入关键帧。调整“文字”元件的大小设置为 200 像素×35 像素。

03 在第 1 帧处右击，在弹出的快捷菜单中选择【创建传统补间】命令，制作出字幕由小变大的动画效果。时间轴设置如图 4-2-10 所示。观看“文字动画”操作视频，可扫描下面的二维码。

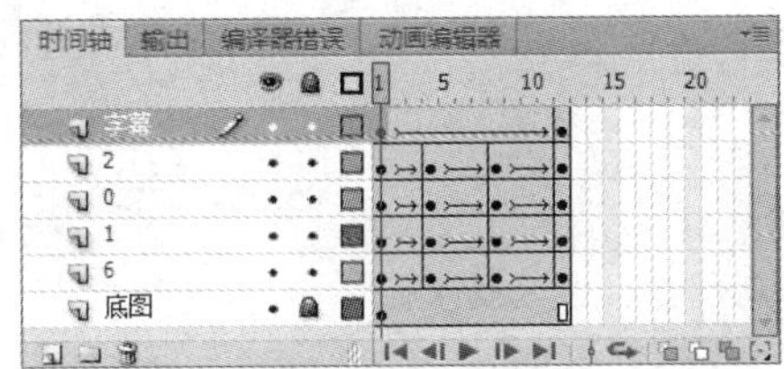

图 4-2-10　时间轴

文字动画

5. 保存、预览与发布动画

01 保存文件。选择【文件】/【保存】命令，或按 Ctrl+S 组合键，打开【另存为】对话框，选择保存位置，在【文件名】下拉列表框中输入文件名称“圣诞贺卡”，最后单击【保存】按钮即可完成 Flash 文件的保存。

02 预览动画。选择【控制】/【测试影片】/【测试】命令，或按 Ctrl+Enter 组合键，Flash CS6 会调用播放器来测试整个影片，起到预览的作用。

03 发布动画。选择【文件】/【发布设置】命令，或按 Ctrl+Shift+F12 组合键，打开【发布设置】对话框，发布的类型可以选择 Flash、HTML 包装器、GIF 图像、JPEG 图像、PNG 图像等。

任务小结

本任务使用 Flash 中制作传统补间动画的方法，结合实际制作出理想的动画效果。这张圣诞贺卡不仅有动态的数字，还有闪烁的文字，非常炫目。

任务 4.3　制作春暖花开基本动画

任务描述

在 Flash 中还有一类补间动画称为形状补间，如花朵的开放动画（由花蕾变为盛开的花）、文字的变化动画（由人变为大）等，这类动画是由矢量形状变化而形成的动画。本任务将练习制作春天里花朵争先开放的动画。春暖花开的最终效果如图 4-3-1 所示。

观看“春暖花开动画效果”视频，可扫描下面的二维码。

(a)

(b)

图 4-3-1　春暖花开的最终效果

春暖花开动画效果

知识准备

1. 创建形状补间动画

形状补间动画可在起始关键帧和结束关键帧之间，为图形创建自然过渡的变形动画效果。创建形状补间动画的对象必须是矢量图而不是元件实例。首先在起始关键帧和结束关键帧中绘制好矢量图，然后在起始关键帧至结束关键帧之间的任意帧上右击，在弹出的快捷菜单中选择【创建形状补间】命令即可完成形状补间动画的创建。在创建形状补间动画时需要注意，首尾两帧的矢量图应该大致位于同一个位置，不能偏差太远，因此，在起始关键帧中绘制好矢量图后，可单击时间轴上的【绘图纸外观】按钮，然后在结束帧绘制新的矢量图。

2. 为动画添加形状提示

在创建形状补间动画后，有时候动画效果与预期不一致，此时可为图形添加形状提示，对图形各部分之间的变形和过渡效果进行控制，从而达到理想的动画效果。

形状提示是一一对应的，即起始帧中的一个形状提示对应于结束帧中的一个形状提示。在起始帧中添加形状提示然后调整形状提示的位置，再在结束帧中调整形状提示的位置，直至形状提示的颜色变为黄色（起始帧中的形状提示颜色为绿色），即表示这一组形状提示创建完成。

选择起始帧后，选择【修改】/【形状】/【添加形状提示】命令，或按 Ctrl+Shift+H 组合键可添加形状提示，且可以添加多个形状提示，添加的形状提示会依次使用英文字母进行标识，如图 4-3-2 所示。

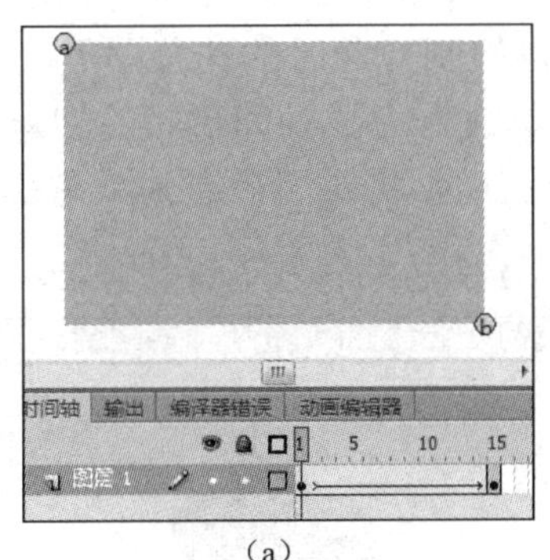

(a)

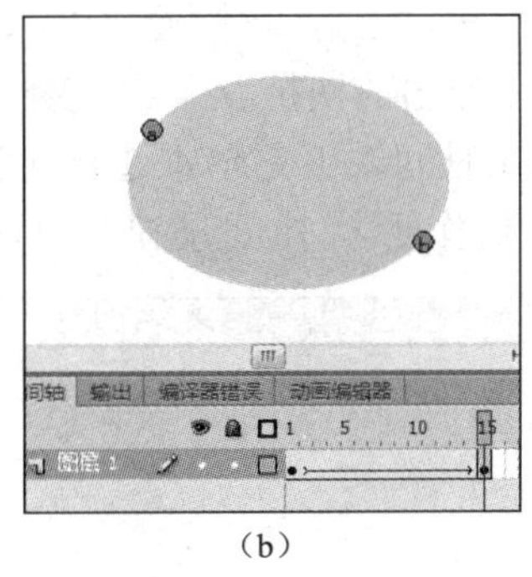

(b)

图 4-3-2　添加形状提示

小提示

构成形状补间动画的元素多为用鼠标绘制出的形状，而不是图形元件、按钮、文字等，如果要使用图形元件、按钮、文字等，则必先使用 Ctrl+B 组合键将其分享后才可以制作形状补间动画。

任务实施

1. 创建文档

01 启动 Flash CS6，选择【文件】/【新建】命令或按 Ctrl+N 组合键，或在欢迎界面的“新建”栏中进行选择，新建 Flash 文档，文件命名为“春暖花开”。

02 在属性面板中，修改文档的尺寸为 760 像素×460 像素，设置帧频为 12 帧（fps），背景颜色为白色。

03 修改图层名称，将“图层 1”修改为“背景”。

04 选择【文件】/【导入】/【导入到库】命令，将需要的背景图片从素材文件夹导入

Flash 的库中，打开库面板，将背景图片从库面板中拖动至舞台合适的位置，使用对齐工具将图片与舞台对齐。

2. 创建元件

01 选择【插入】/【新建元件】命令，或按 Ctrl+F8 组合键，打开【创建新元件】对话框，输入元件名称“开花”，类型为“影片剪辑”，如图 4-3-3 所示。

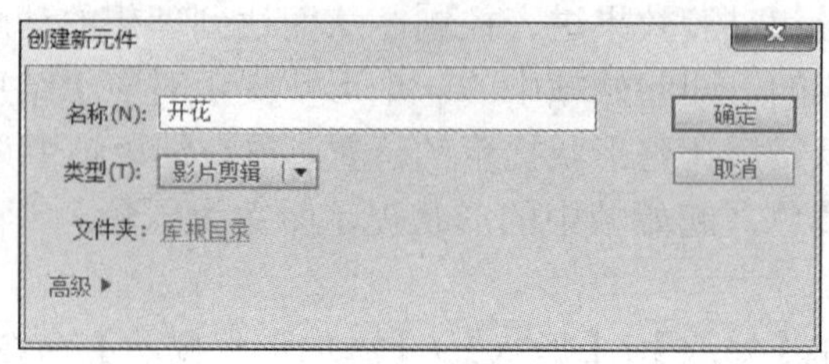

图 4-3-3　创建影片剪辑元件

02 将“图层 1”重命名为“花蕊”。选择图层 1 的第 1 帧，在工具面板中选择合适的工具绘制花蕊。在第 20 帧处按 F7 键插入空白关键帧，再绘制开花时的花蕊图形。在第 1 帧上右击，在弹出的快捷菜单中选择【创建补间形状】菜单命令完成补间形状的创建。

03 在时间轴下方单击【新建】按钮，新建一个图层，将图层命名为“花瓣”。用同样的方法制作形状补间动画，如图 4-3-4 所示。

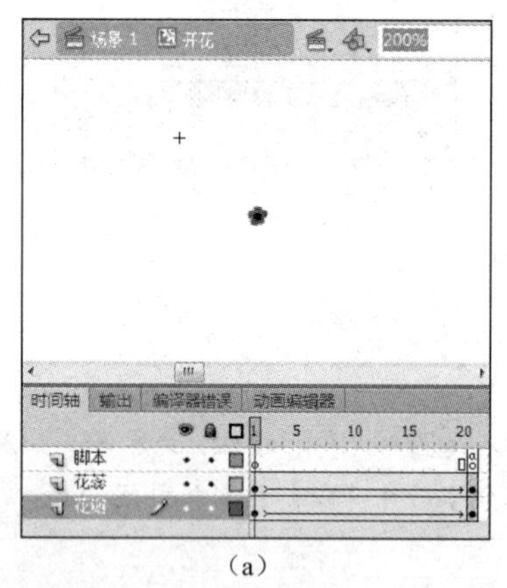

（a）

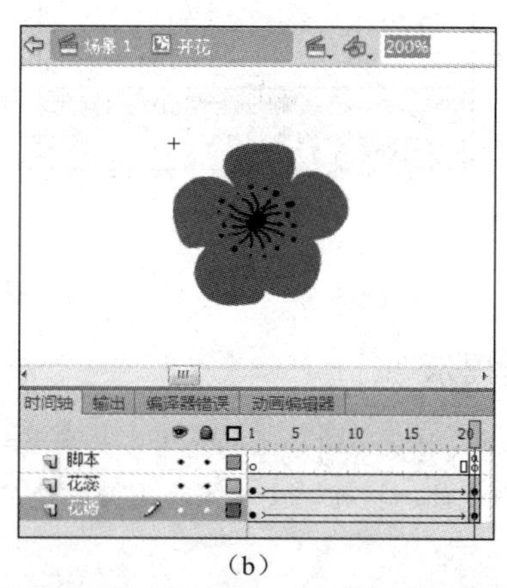

（b）

图 4-3-4　形状补间动画效果

04 在时间轴下方单击【新建】按钮，新建一个图层，将图层命名为“脚本”。在【脚本】图层的第 20 帧处按 F6 键插入关键帧，右击第 20 帧，在弹出的快捷菜单中选择【动作】命令，在弹出的【动作】对话框中选择【全局函数】/【时间轴控制】/【stop】命令，控制影片剪辑元件的播放。

3. 制作场景动画

01 单击舞台窗口左上方的“场景 1”图标，切换至“场景 1”的舞台窗口。在时间轴下方单击【新建】按钮，新建图层，将图层命名为“开花 1”。将库面板中的“开花”影片剪辑元件拖至舞台，调整元件的大小及位置。

02 在时间轴下方单击【新建】按钮，再新建三个图层，分别将图层命名为“开花 2”“开花 3”“开花 4”。将库面板中的“开花”影片剪辑元件拖动至舞台，调整元件的大小及位置。

03 按 Ctrl+Enter 组合键预览动画效果会看到春天里花朵争相开放的情景。再次调整各图层关键帧的位置，如图 4-3-5 所示。观看“春暖花开”操作视频，可扫描下面的二维码。

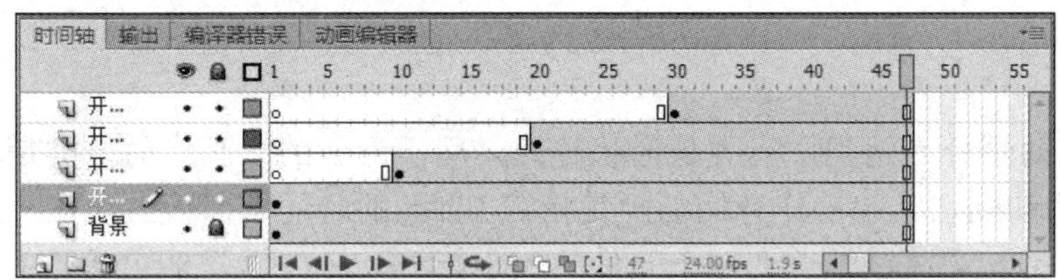

图 4-3-5　时间轴

春暖花开

4. 保存、预览与发布动画

01 保存文件。选择【文件】/【保存】命令，或按 Ctrl+S 组合键，打开【另存为】对话框，选择保存位置，在【文件名】下拉列表框中输入文件名称“春暖花开”，最后单击【保存】按钮即可完成 Flash 文件的保存。

02 预览动画。选择【控制】/【测试影片】/【测试】命令，或按 Ctrl+Enter 组合键，Flash CS6 会调用播放器来测试整个影片，起到预览的作用。

03 发布动画。选择【文件】/【发布设置】命令，或按 Ctrl+Shift+F12 组合键，打开【发布设置】对话框，发布的类型可以选择 Flash、HTML 包装器、GIF 图像、JPEG 图像、PNG 图像等。

任务小结

本任务的制作主要包括影片剪辑元件的创建、形状补间动画的创建等知识。本任务的学习可以使学生掌握创建形状补间动画的方法，以及调整形状提示点的方法。

任务 4.4　制作鸟儿飞翔基本动画

任务描述

本任务将介绍鸟儿飞翔补间动画的制作，使学生练习 Flash 动画中元件的创建及使用，并熟练掌握鸟儿飞行的运动规律。鸟儿飞翔的最终效果如图 4-4-1 所示。

观看“鸟儿飞翔动画效果”视频，可扫描下面的二维码。

图 4-4-1　鸟儿飞翔动画效果

鸟儿飞翔动画效果

知识准备

Flash 动画制作中补间动画分为两类：一类是形状补间，用于形状的动画；另一类是动作补间，用于图形及元件的动画。其中动作补间动画是指在 Flash 的时间帧面板上，在一个关键帧上放置一个元件，在另一个关键帧改变这个元件的大小、颜色、位置、透明度等，Flash 将自动根据二者之间帧的值创建的动画。动作补间动画建立后，时间帧面板的背景色变为淡紫色，在起始帧和结束帧之间有一个长长的箭头；构成动作补间动画的元素是元件，包括影片剪辑、图形元件、按钮、文字、位图、组合等，但不能是形状，只有把形状组合（按 Ctrl+G 组合键）或者转换成元件后才可以制作动作补间动画。

任务实施

1. 创建文件，导入素材

01 启动 Flash CS6，选择【文件】/【打开】命令或按 Ctrl+O 组合键，打开原始文件“鸟儿飞翔.fla”。观察鸟儿飞行过程图，发现鸟儿在飞行过程中的运动规律。

知识链接

观察鸟儿的飞行过程会发现，鸟儿在飞行时翅膀上下扇动变化较多，动作柔和优美。飞行时空气对翅膀产生升力和推力（还有阻力），托起身体上升和前进，身体的浮动跟翅膀的起伏呈反方向。

02 原始文件共有 4 个图层：“天空”“白云”“鸟儿”“白云 2”，如图 4-4-2 所示。

2. 创建“鸟儿飞”元件

01 选择【插入】/【新建元件】命令，或按 Ctrl+F8 组合键，打开【创建新元件】对话框，创建一个名为“鸟儿飞”的影片剪辑元件，如图 4-4-3 所示。

02 配合使用钢笔、线条和选择工具，在舞台上画出鸟身、鸟前翅、鸟后翅和鸟爪，并分别将其各部分转换为与其名称对应的元件，如图 4-4-4 所示。

03 将鸟儿的各个部分分别放置到各自独立的图层上。选择整个鸟儿，选择【修改】/【时间轴】/【分散到图层】命令，这时每一个实例会被分散到各自独立的图层上，并且每个图层会以元件命名，如图 4-4-5 所示。

图 4-4-2　图层设置

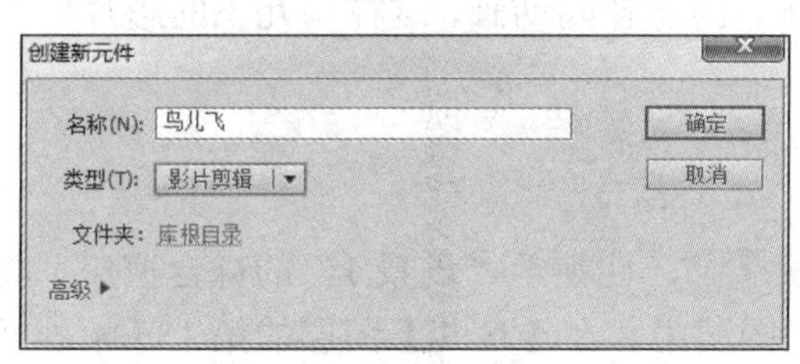

图 4-4-3　【创建新元件】对话框

图 4-4-4　各元件的绘制

图 4-4-5　分散到图层

04 删除“图层 1”，接着分别在每个图层的第 5 帧和第 9 帧插入关键帧，单击【绘图纸外观】按钮，依据第 1 帧的动作调整第 5 帧小鸟的动作：翅膀下压，身体上升。采用相同的步骤，调整第 9 帧鸟儿的动作：翅膀上升，身体下压，如图 4-4-6 所示。观看“制作小鸟元件”操作视频，可扫描下面的二维码。

图 4-4-6　鸟的翅膀动画

制作小鸟元件

05 在各个图层的第 5 帧和第 9 帧插入关键帧，创建补间动画，这样鸟儿飞的影片剪辑就完成了。

3. 制作场景动画

01 单击舞台窗口左上方的“场景 1”图标 场景 1，切换至“场景 1”的舞台窗口。将库面板中的“鸟儿飞”元件拖动到舞台中【鸟儿】图层中。在【鸟儿】图层的第 135 帧处按 F6 键插入关键帧，调整元件的位置及大小。在第 1 帧处右击，在弹出的快捷菜单中选择【创建传统补间】命令，制作出鸟儿由近飞远的动画效果。

02 在其他图层的第 135 帧处按 F5 键插入普通帧，按 Ctrl+Enter 组合键，最终效果如图 4-4-7 所示。观看“小鸟飞翔”操作视频，可扫描下面的二维码。

图 4-4-7　鸟儿飞翔最终效果

小鸟飞翔

4. 保存、预览与发布动画

01 选择【文件】/【保存】命令，或按 Ctrl+S 组合键，打开【另存为】对话框，在【保存在】下拉列表框中选择保存位置，在【文件名】下拉列表框中输入文件名称“鸟儿飞翔”，最后单击【保存】按钮即可完成 Flash 文件的保存。

02 选择【控制】/【测试影片】/【测试】命令，或按 Ctrl+Enter 组合键，Flash CS6 会调用播放器来测试整个影片，起到预览的作用。

03 选择【文件】/【发布设置】命令，或按 Ctrl+Shift+F12 组合键，打开【发布设置】对话框，发布的类型可以选择 Flash、HTML 包装器、GIF 图像、JPEG 图像、PNG 图像等。

任务小结

本任务通过“鸟儿飞翔”动画的制作，使学生认识了 Flash CS6 元件的创建方法，以及如何制作补间动画等。同时又使学生了解了鸟儿飞行的运动规律，制作出既生动又形象的动画。

拓展知识

1. 删除帧与清除帧

删除帧后所选帧及帧中对应的图形等所有内容全部被删除。清除帧则只清除舞台中的内容不删除帧。选择要删除或清除的帧（可按 Shift 键多选）后，右击，在弹出的快捷菜单中选择【删除帧】或【清除帧】命令即可。另外，选择帧后按 Delete 键也可以删除帧。

2. 翻转帧

翻转帧可实现逆序播放效果，如正序动画效果是球从地面弹起，翻转帧后则可实现球从空中落到地面的效果。选择要进行翻转的帧（可多选），右击，在弹出的快捷菜单中选择【翻转帧】命令即可。

3. “缓动”的作用

在创建传统补间动画与补间动画时有一个缓动属性，其作用是实现由慢到快或由快到慢的动画效果，如汽车起步是由慢到快而刹车时是由快到慢。当缓动数值为负数时，则实现由慢至快的效果；当缓冲数值为正数时，则实现由快到慢的效果；当缓冲数值为 0 时，则表示进行匀速运动。

4. 分散到图层

在制作动画时常需要分层处理，即将各个动画对象放置于不同的图层中。如果在绘制动画对象时绘制在了同一图层中，可选择动画的各个部分，右击，在弹出的快捷菜单中选择【分散到图层】命令，将所选的各个部分分散到单独的图层中。

课后练习

创建两只蝴蝶飞行的元件，为了使动画更加生动，要求两个动画元件的运动频率稍有不同。有能力的同学可以尝试创建引导线层，使两只蝴蝶的飞行路线更加自由生动。最终效果如下面题图所示。

题图　动画效果

交互式动画的制作

ActionScript 是 Flash 中内嵌的脚本程序，使用 ActionScript 可以实现对动画流程及动画中元件的控制，制作出非常丰富的交互效果及动画特效。本项目将介绍 ActionScript 脚本的相关知识，并运用 ActionScript 脚本交互式动画的效果。

知识目标

1. 了解 ActionScript 脚本。
2. 掌握添加 ActionScript 脚本的方法。
3. 掌握按钮制作方法。
4. 掌握常用的场景/帧的控制脚本。

技能目标

1. 利用常见的场景/帧控制脚本制作电子画册的翻页效果。
2. 利用按钮结合 ActionScript 脚本制作促销广告。
3. 利用影片剪辑控制语句制作七彩流星雨动画效果。

任务 5.1　制作电子画册交互式动画

任务描述

本任务将使用 ActionScript 脚本制作电子画册的翻页效果动画。制作过程包括导入画册素材、添加 ActionScript 脚本、测试脚本动画等。本任务旨在使学生掌握使用 ActionScript 脚本制作电子画册的动画方法。电子画册的最终效果如图 5-1-1 所示。

观看“电子画册动画效果”视频，可扫描下面的二维码。

图 5-1-1　电子画册的最终效果

电子画册动画效果

知识准备

5.1.1　轻松入门，在动作面板中编写 ActionScript 脚本

Flash 提供了一个动作面板，可以辅助编写出所需的 ActionScript 程序。初学者不需要懂太多程序设计的知识，也能制作出交互式动画。按 F9 键调出动作面板，可以看到动作面板的编辑环境由左右两部分组成，左侧部分又分为上下两个窗口，如图 5-1-2 所示。

动作面板说明如下。

1）动作工具面板：单击每一个条目前面的图标，可以显示出对应条目下的动作脚本语句元素，双击选中的语句即可将其添加到编辑窗口。

2）脚本导航器：显示目前选择的范围与所在位置。

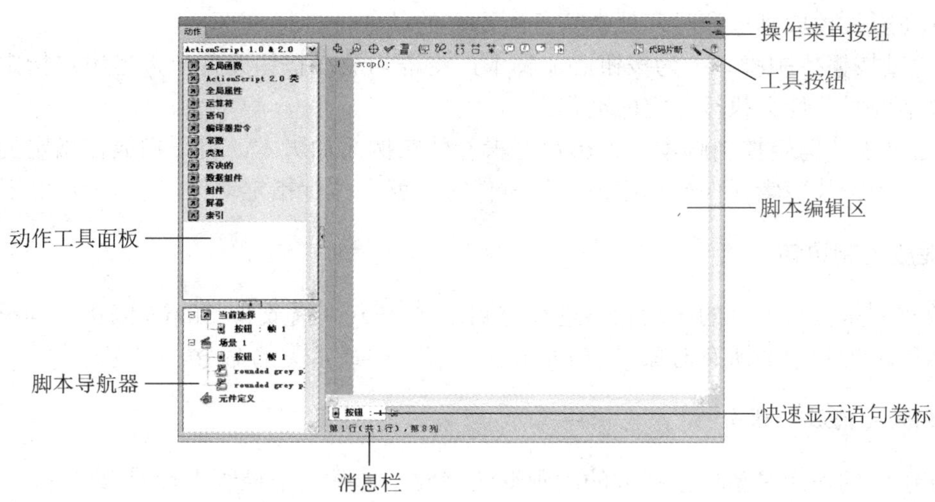

图 5-1-2　动作面板

3）操作菜单按钮：从菜单中可以设置动作面板的格式和编辑模式。

4）工具按钮：包含添加、查找、替换、语法检查等相关编辑程序代码的工具按钮。

5）脚本编辑区：添加显示程序代码的区域。

6）快速显示语句卷标：快速切换目前正在编辑 ActionScript 的位置，若单击按钮 锁定作用中的 Script 按钮，则可以锁定正在编辑中的程序代码。

7）消息栏：显示目前程序代码的行数和列数。

动作面板上的一些工具按钮如图 5-1-3 所示。利用这些工具按钮，可以更方便地编写程序。

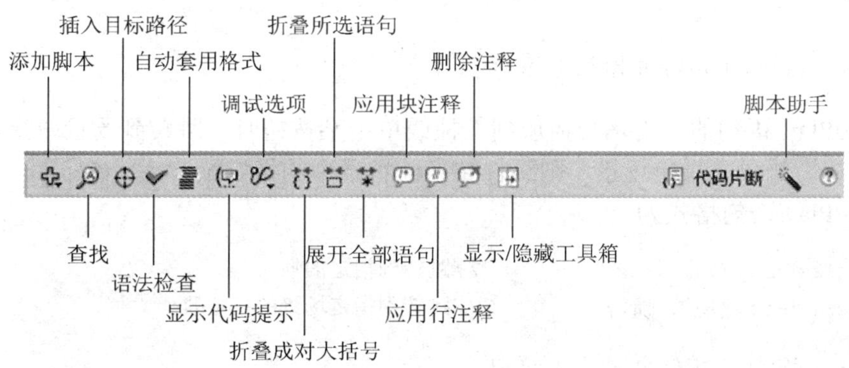

图 5-1-3　工具按钮

5.1.2　脚本添加对象

按添加脚本的对象来分，ActionScript 2.0 主要分为：为时间轴中的关键帧添加脚本、为影片剪辑元件实例添加脚本、为按钮添加脚本。用户可以针对不同的对象，在动作面板中加入语句，以制造交互效果。

1）通过场景/帧控制脚本：为时间轴中的关键帧添加脚本，将语句放在关键帧或空白关键帧上，当影片播放到该帧时，就会执行所添加的动作。

2）通过按钮控制脚本：为按钮添加脚本，将语句放在按钮元件上，当用户指定的按钮发生相关事件时，便会执行指定的动作。

3）通过影片剪辑控制脚本：为影片剪辑元件实例添加脚本，将语句放在指定的影片剪辑元件上，当影片剪辑元件被加载或发生事件时，就会执行指定动作。

5.1.3 播放控制语句

播放控制是指对影片的运动状态进行控制，如 Play（播放）、Stop（停止）等语句，其控制可以用于影片中的所有对象，是 Flash 互动影片中最常见的命令。

1. Play（播放）语句

Play 语句的作用是使停止播放的动画继续播放，通常用于控制影片剪辑元件。

Play 语句格式为

```
Play();
```

2. Stop（停止）语句

Stop 语句的作用是停止当前正在播放的动画，通常用于控制影片剪辑元件。在使用 Play 语句播放动画后，动画将一直播放，不会停止，如果需要动画停止则需要在相应的帧或按钮中添加 Stop 语句。

Stop 语句格式为

```
Stop();
```

3. gotoAndPlay（跳转并播放）语句

gotoAndPlay 语句的作用是当播放到某帧或单击某按钮时，跳转到场景中指定的帧并从该帧开始播放。如果未指定场景，则跳转到当前场景中的指定帧。

gotoAndPlay 语句格式为

```
gotoAndPlay();                //跳转到指定的帧
gotoAndPlay(场景,帧);          //跳转到指定场景的指定帧
```

4. gotoAndStop（跳转并停止）语句

gotoAndStop 语句的作用是当播放到某帧或单击某按钮时，跳转到场景中指定的帧并停止播放。如果未指定场景，则跳转到当前场景中的指定帧。

gotoAndStop 语句格式为

```
gotoAndStop();                //跳转到指定的帧
gotoAndStop(场景,帧);          //跳转到指定场景的指定帧
```

5. prevFrame（跳转到上一帧）语句

prevFrame 语法的作用是将播放指针跳转到当前帧的上一帧。
prevFrame 语句格式为

```
prevFrame();
```

6. nextFrame（跳转到下一帧）语句

nextFrame 语法的作用是将播放指针跳转到当前帧的下一帧。
nextFrame 语句格式为

```
nextFrame();
```

7. prevScene（跳转到上一场景）语句

prevScene 语句的作用是将播放指针跳转到上一个场景的第一帧。
prevScene 语句格式为

```
prevScene();
```

8. 跳转到下一场景 nextScene

nextScene 语法的作用是将播放指针跳转到下一个场景的第一帧。
nextScene 语句格式为

```
nextScene();
```

5.1.4　可以播放影片的按钮

要让动画和用户建立交互的关系，最简单的方法就是在按钮元件上加入 ActionScript 程序代码，当用户按下按钮时，就会产生相应的动作，以此来实现交互。

1）要在按钮元件上加上语句，则必须要用鼠标事件处理程序 on（mouseEvent）来设置按钮的动作。例如，

```
on(release){
Play();
}
```

该段代码中，on 表示接收事件的程序，release 表示释放鼠标的动作事件，on（release）表示按下鼠标按键并释放后，会执行{}中的动作。on 语句用来设置场景上的按钮或键盘的处理。

2）各项鼠标事件说明如表 5-1-1 所示，各项鼠标事件如图 5-1-4 所示。

表 5-1-1　各项鼠标事件说明

事件名称	说明
press（按下）	当按下鼠标按键时，就会执行动作事件
release（释放）	当按下鼠标按键并释放时，就会执行动作事件
releaseOutside（在外面释放）	当按下鼠标按键并拖动到按钮外释放鼠标时，就会执行动作事件
rollOver（滑入）	当鼠标指针移到按钮上时，就会执行动作事件
rollOut（滑开）	当鼠标指针经过按钮并移到按钮外时，就会执行动作事件
dragOver（拖入）	当按下鼠标按键后拖动至外，再拖动至按钮上时，就会执行动作事件
dragOut（拖出）	当按下鼠标按键后拖动至外时，就会执行动作事件

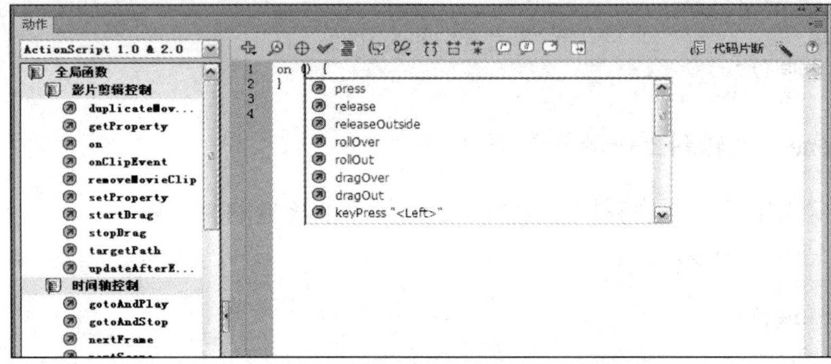

图 5-1-4　鼠标事件

任务实施

1. 制作画册内容

01 启动 Flash CS6，选择【文件】/【新建】命令或按 Ctrl+N 组合键，在【新建文档】对话框中选择类型为“ActionScript 2.0”，修改文档尺寸为 400 像素×650 像素，设置帧频为“24.00”帧（fps），背景颜色为白色等，如图 5-1-5 所示。

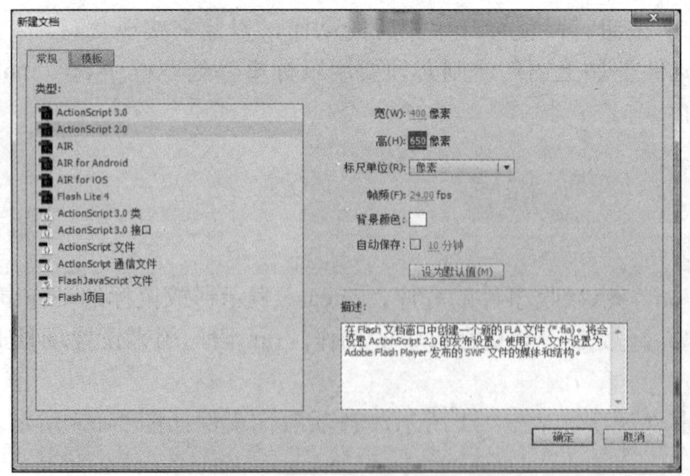

图 5-1-5　新建文档

02 导入素材，将需要导入的素材文件“5-1-1.jpg”～“5-1-12.jpg”导入库中。

03 在时间轴中，将默认的“图层 1”重命名为“图片”。在“图片”第 1 帧～第 12 帧，分别按 F7 键插入空白关键帧，如图 5-1-6 所示。

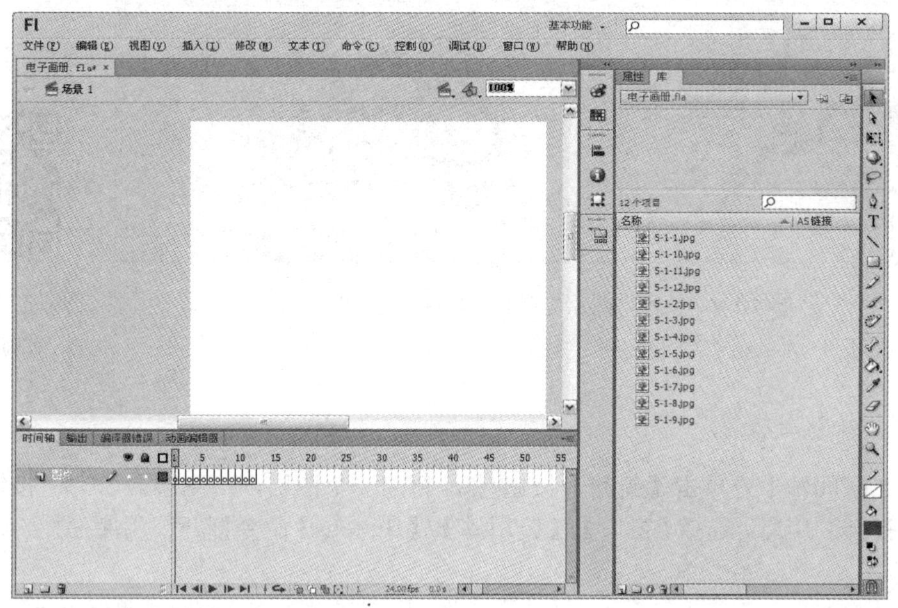

图 5-1-6　插入空白关键帧

04 选中【图片】图层第 1 帧，将库中素材图片“5-1-1.jpg”拖放到舞台中，选中素材图片，并修改其位置属性为 x 轴“0.00”、y 轴“0.00”，如图 5-1-7 所示。

图 5-1-7　设置“图片”层第 1 帧

05 选中“图片”图层第 2 帧，重复上一步骤，以此类推，设置“图片”层第 2 帧～

第 12 帧，如图 5-1-8 所示。观看“电子画册——制作画册内容”操作视频，可扫描下面的二维码。

图 5-1-8 设置“图片”层第 2 帧～第 12 帧

电子画册——制作画册内容

2. 制作按钮图层

01 在时间轴下方单击【新建】按钮，新建一个图层，将图层命名为“按钮”。

02 打开公用库。选择【窗口】/【公用库】/【Buttons】命令打开公用库面板，如图 5-1-9 所示。

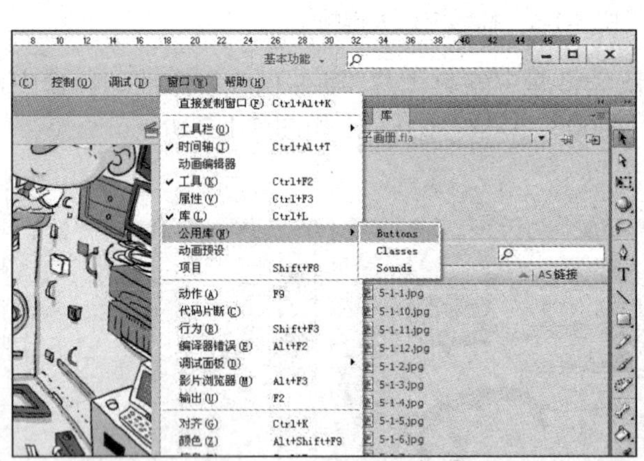

图 5-1-9 打开公用库面板

知识链接

Flash 的公用库中提供了大量漂亮的按钮。选择【窗口】/【公用库】/【Buttons】命令，可以将按钮拖动到舞台上直接使用。

03 选中【按钮】图层，找到公用库中名称为“playback rounded”的公用按钮类，双击展开按钮，并将“rounded grey play”拖放到场景中，如图 5-1-10 所示。

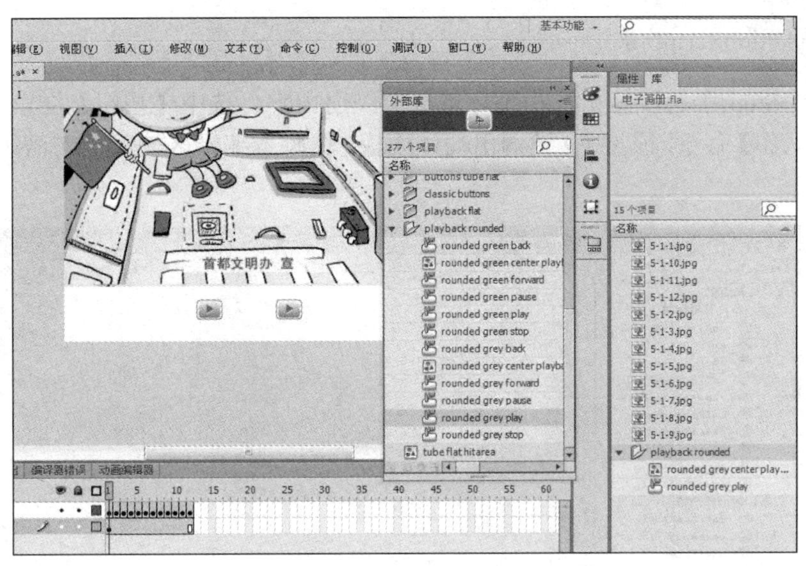

图 5-1-10　插入公用库按钮

04 设置按钮属性，选中左边按钮，在属性面板中将其实例名称更改为“prev”，选中右边按钮，在属性面板中将其实例名称更改为“next”，如图 5-1-11 所示。

（a）

（b）

图 5-1-11　更改按钮实例名称

05 选中左边按钮，选择【修改】/【变形】/【水平翻转】命令，将左边按钮变形，如图 5-1-12 所示。观看“电子画册——制作按钮图层”操作视频，可扫描下面的二维码。

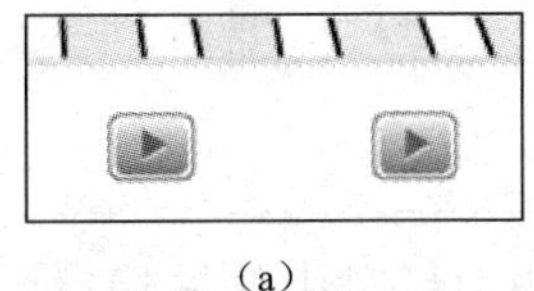

（a）

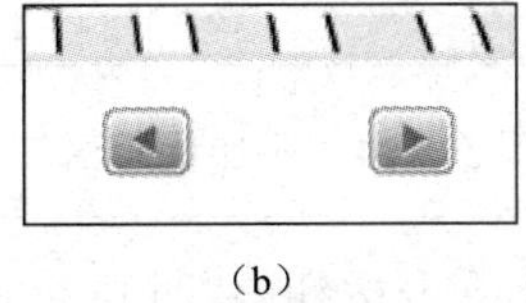

（b）

图 5-1-12　水平翻转按钮

电子画册——制作按钮图层

3. 添加 ActionScript 语句

01 添加 Stop 语句，停止自动循环播放的画册内容。选中【按钮】层第 1 关键帧，选择【窗口】/【动作】命令，或按 F9 键调出动作面板，在脚本编辑区输入代码语句，如图 5-1-13 所示。

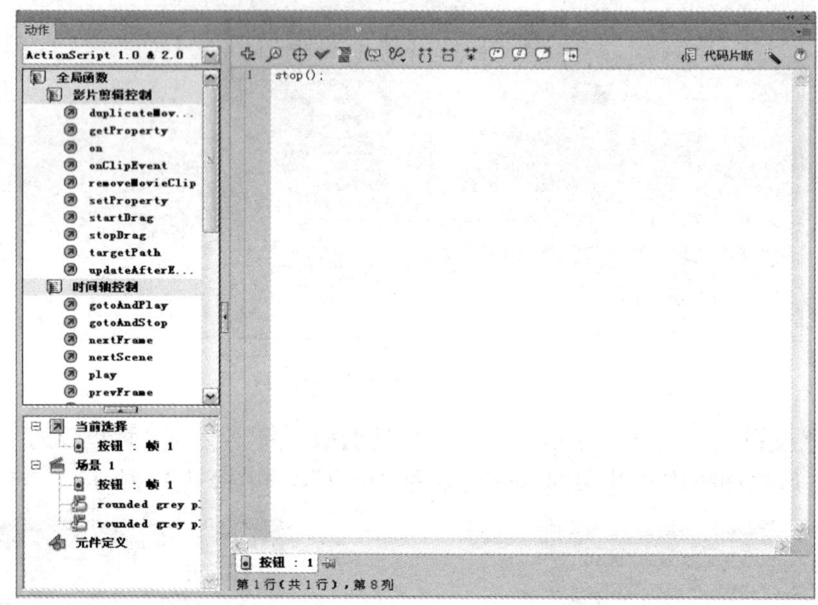

图 5-1-13 添加 Stop 语句

小提示

可以直接通过双击动作工具面板中的语句，将代码语句添加到编辑窗口中，如图 5-1-14 所示。

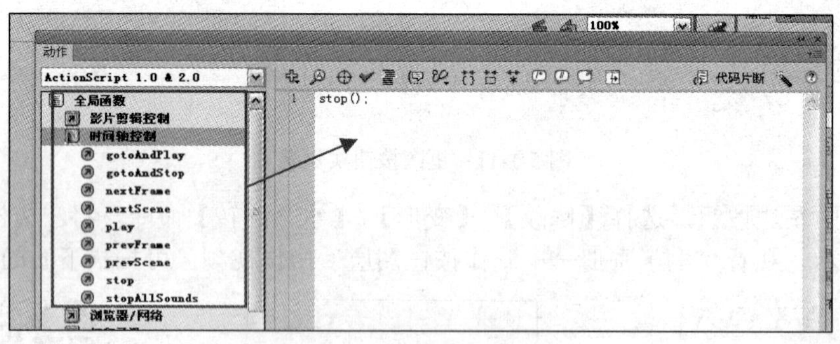

图 5-1-14 添加代码语句 1

02 添加跳转到上一帧语句，单击按钮◀时执行该动作。选中场景中的按钮◀，按 F9 键调出动作面板，在脚本编辑区输入代码语句，如图 5-1-15 所示。

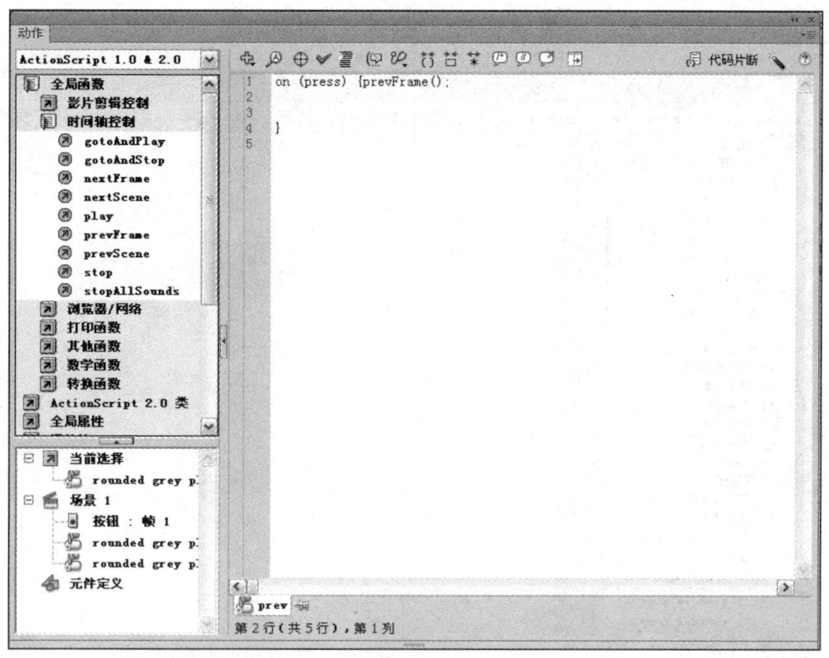

图 5-1-15　添加跳转到上一帧语句

小提示

可以直接通过单击工具按钮添加按钮语句格式，将代码添加到编辑窗口中，如图 5-1-16 所示。

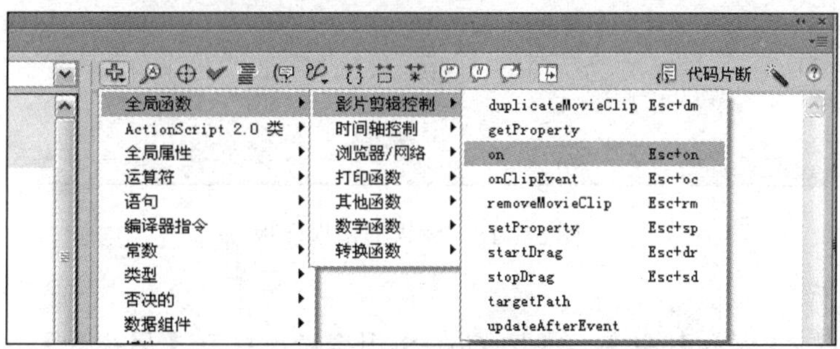

图 5-1-16　添加代码语句 2

观看“电子画册——添加 ActionScript 语句”操作视频，可扫描右侧的二维码。

电子画册——添加 ActionScript 语句

03 添加跳转到下一帧命令，单击按钮时执行该动作。选中场景中的按钮，按 F9 键调出动作面板，在脚本编辑区输入代码语句，如图 5-1-17 所示。

4. 测试脚本动画、保存文件并预览动画

（1）调试代码语句

单击动作面板的【工具】按钮，对 ActionScript 脚本代码进行调试。编译器错误为零，

则表示添加 ActionScript 脚本格式没有问题，如图 5-1-18 所示。

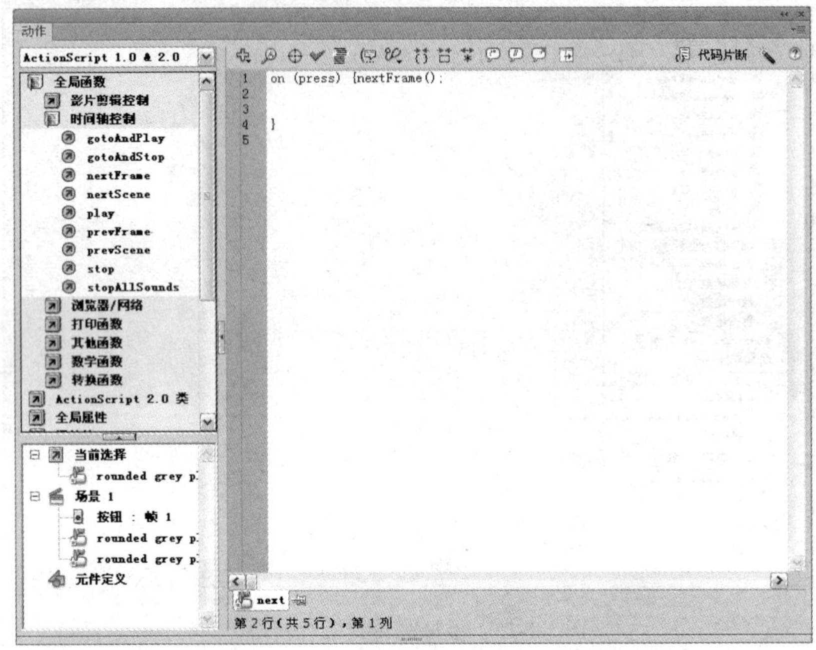

图 5-1-17　添加跳转到下一帧语句

图 5-1-18　编辑器错误面板

（2）保存文件

选择【文件】/【保存】命令，或按 Ctrl+S 组合键，打开【另存为】对话框，选择保存位置，在【文件名】下拉列表框中输入文件名称“电子画册”，最后单击【保存】按钮即可完成 Flash 文件的保存。

（3）预览动画

选择【控制】/【测试影片】/【测试】命令，或按 Ctrl+Enter 组合键，Flash CS6 会调用播放器来测试整个影片，起到预览的作用，测试电子画册的最终效果。

任务小结

本任务通过场景/帧及按钮控制电子画册的播放，使学生熟悉了动作面板的操作，了解了基本脚本添加对象及播放控制语句。在制作电子画册的过程中，使学生学会灵活应用播放控制语句实现动画效果。

任务 5.2　制作促销广告交互式动画

任务描述

本任务将使用 ActionScript 脚本制作促销广告效果动画。制作过程包括导入促销广告素材、制作按钮元件、添加 ActionScript 脚本、测试脚本动画等。本任务旨在使学生掌握使用 ActionScript 脚本制作促销广告的动画方法。促销广告的最终效果如图 5-2-1 所示。

观看“促销广告动画效果”操作视频，可扫描下面的二维码。

（a）

（b）

图 5-2-1　促销广告的最终效果

促销广告动画效果

知识准备

1. 按钮元件

1）按钮元件是可以在影片中创建相应鼠标点击、滑过或其他动作的交互式按钮。按钮是 4 帧的交互影片剪辑，时间轴并不播放，而只是对指针的运动和动作做出反应，跳到相应的帧。

2）按钮的四种状态。

① 弹起：初始的按钮状态。

② 指针经过：鼠标指针经过时的按钮状态。

③ 按下：鼠标按下时的按钮状态。

④ 点击：按钮的感应区域。

2. 创建按钮

1）新建按钮元件，按 Ctrl+F8 组合键，在打开的【创建新元件】对话框中输入名称为“元件 1”，类型为“按钮”，单击【确定】按钮，如图 5-2-2 所示。

2）编辑按钮元件，因为按钮元件用于响应时间，所以它的编辑环境与其他元件的编辑环境有些不同，只有 4 个响应鼠标的状态帧，如图 5-2-3 所示。

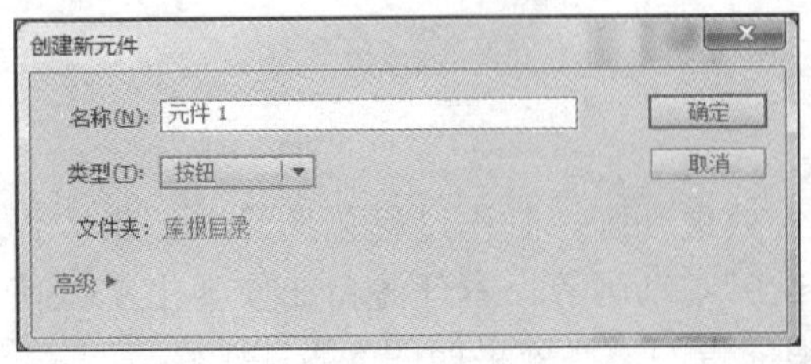

图 5-2-2 创建按钮元件

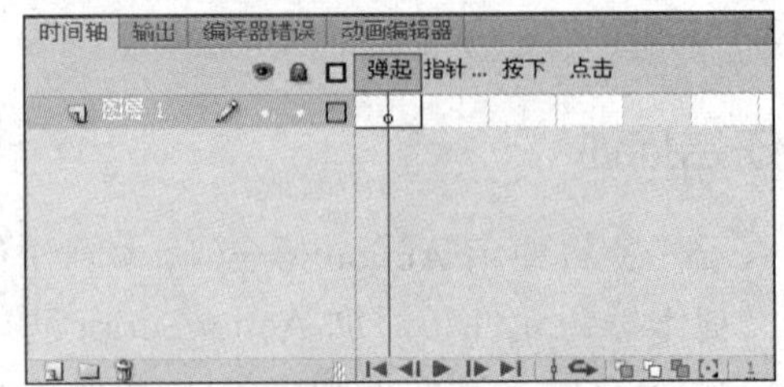

图 5-2-3 按钮元件的 4 个状态帧

任务实施

1. 制作促销广告内容

01 启动 Flash CS6，选择【文件】/【新建】命令或按 Ctrl+N 组合键，在【新建文档】对话框中选择类型为“ActionScript 2.0”，文档尺寸为默认，设置帧频为“24.00”帧（fps），背景颜色为白色等，如图 5-2-4 所示。

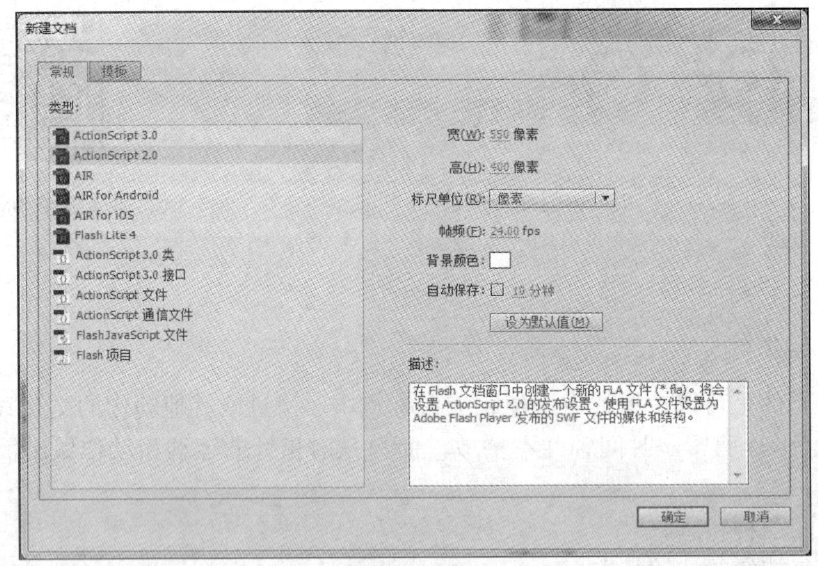

图 5-2-4 新建文档

02 导入素材，将需要导入的素材文件“5-2-1.jpg”～“5-2-3.jpg”导入库中。

03 在时间轴中，将默认的“图层 1”重命名为“促销 1”。将库中素材图片“5-2-1.jpg”拖放至舞台中，选中素材图片，并修改其位置属性为 x 轴“0.00”、y 轴“0.00”，宽“1000”像素、高“312.5”像素。再选中【促销 1】图层第 50 帧，按 F5 键插入普通帧，如图 5-2-5 所示。

图 5-2-5　设置图片属性

04 设置文档属性，右击场景空白处，在弹出的快捷菜单中选择【文档属性】命令，打开【文档属性】对话框，匹配项选择“内容”，如图 5-2-6 所示。观看“促销广告——制作促销广告内容”操作视频，可扫描下面的二维码。

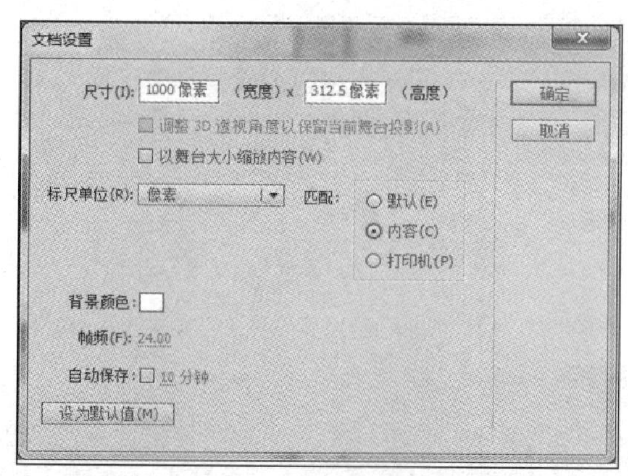

图 5-2-6　设置文档属性

促销广告——制作促销广告内容

05 插入新场景，选择【插入】/【场景】命令，新建“场景 2”，将新建场景 2 默认的“图层 1”重命名为“促销 2”。将库中素材图片“5-2-2.jpg”拖放至舞台中，参数设置同上。再选中【促销 2】图层第 50 帧，按 F5 键插入普通帧。

06 再插入新场景，选择【插入】/【场景】命令，新建“场景 3”，将库中素材图片“5-2-3.jpg”拖放至舞台中，参数设置同上。

2. 制作按钮元件

01 选择【插入】/【新建元件】命令，或按 Ctrl+F8 组合键，新建按钮元件，设置名称为“1”，单击【确定】按钮进入按钮编辑场景，如图 5-2-7 所示。

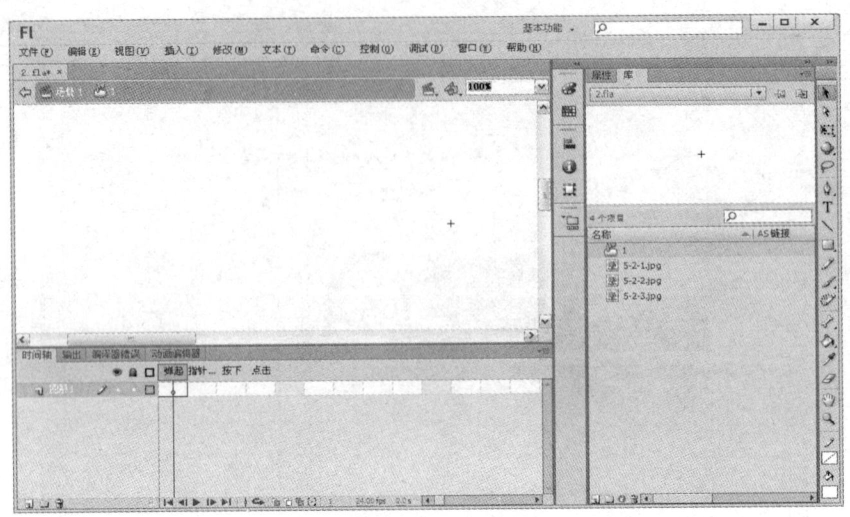

图 5-2-7　按钮编辑场景

02 绘制按钮图形，在按钮编辑场景中，制作“弹起”帧效果。将“图层 1”重命名为“背景”，选中“弹起”帧，在工具面板中单击【矩形工具】按钮，设置填充颜色为灰色（#CCCCCC），绘制矩形，如图 5-2-8 所示。

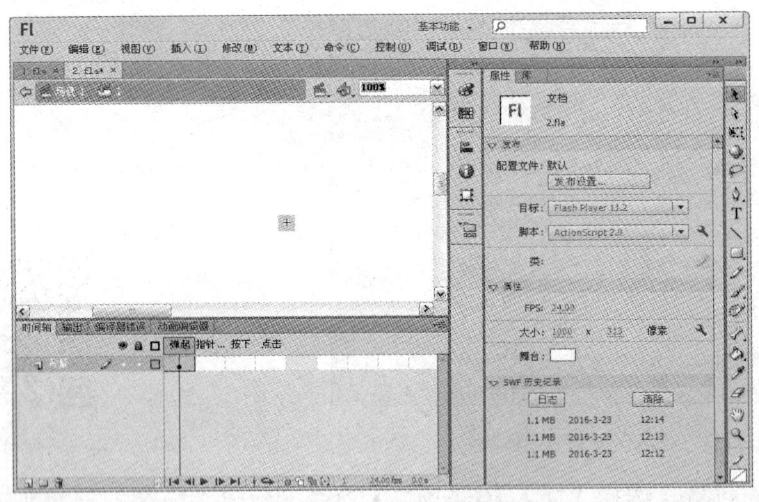

图 5-2-8　绘制按钮图形

03 输入文本，在时间轴下方单击【新建】按钮，新建一个图层，重命名为“文字”。在工具箱中单击【文本工具】按钮T，打开属性面板，设置字体的颜色及大小等属性，在矩形的中央位置输入文本内容“1”，颜色为黑色（#000000），右击“文字”层“弹起”帧，在弹出的快捷菜单中选择【插入帧】命令，插入帧，如图 5-2-9 所示。

04 制作当鼠标指针经过按钮时按钮的状态，右击【背景】图层“指针经过”帧，在弹出的快捷菜单中选择【插入关键帧】命令，插入关键帧。单击【选择工具】按钮，选择矩形，将填充颜色修改为黑色（#000000）。右击【文字】图层“指针经过”帧，插入关键帧，将文字颜色修改为白色（#FFFFFF），如图 5-2-10 所示。

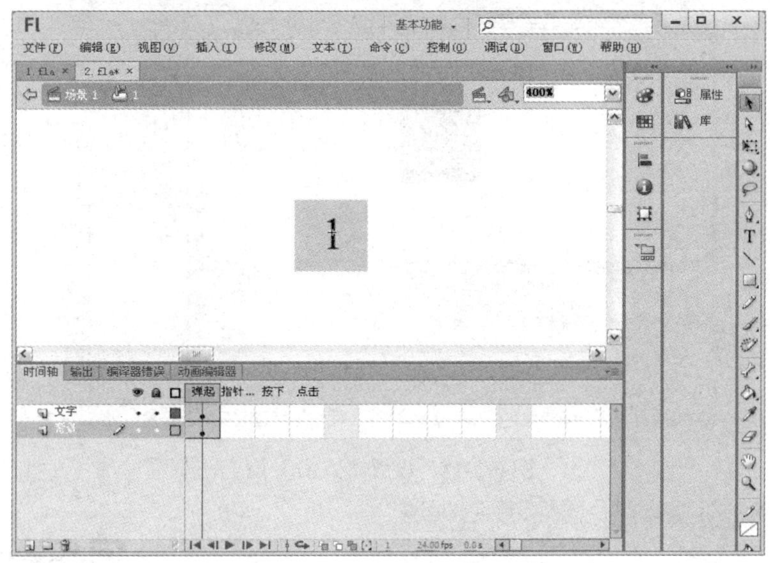

图 5-2-9　输入文本

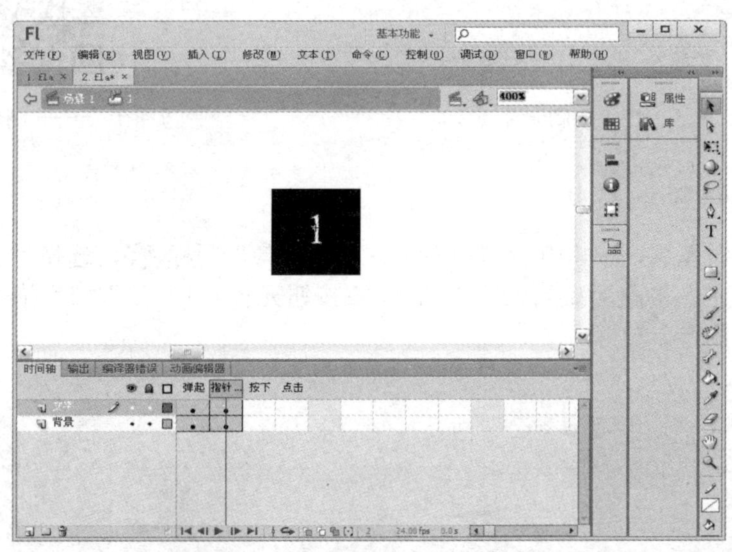

图 5-2-10　设置“指针经过”帧

05 设置“点击”帧。右击【背景】图层“点击”帧，在弹出的快捷菜单中选择【插入帧】命令，插入帧；右击【文字】图层“点击”帧，在弹出的快捷菜单中选择【插入帧】命令，插入帧，如图 5-2-11 所示。

06 制作同类按钮，打开库面板，右击库中的按钮元件，在弹出的快捷菜单中选择【直接复制】命令，打开图 5-2-12 所示的【直接复制元件】对话框，输入新名称“2”后单击【确定】按钮。重复以上操作，制作按钮“3”。

观看“促销广告——制作按钮元件”操作视频，可扫描下面的二维码。

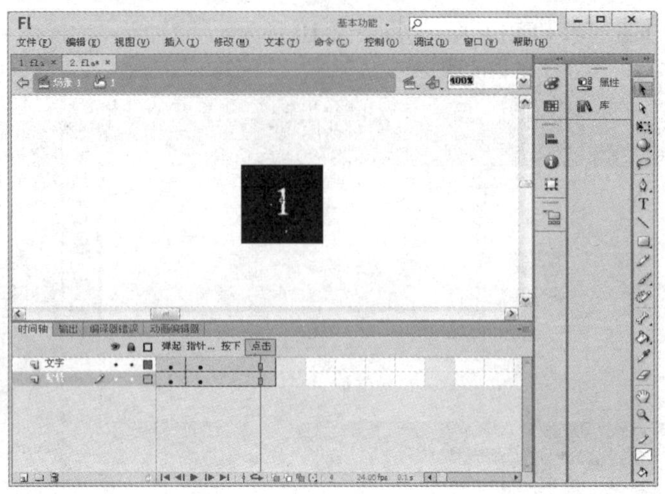

图 5-2-11　设置“点击”帧

图 5-2-12　复制元件

促销广告——制作按钮元件

3. 添加 ActionScript 语句

01 创建按钮图层，单击舞台窗口右上方的“场景”图标，选择“场景 1”，在“场景 1”中新建图层，将图层命名为“按钮”。将按钮元件“1”“2”“3”拖入场景中，并将其进行排列，如图 5-2-13 所示。

图 5-2-13　创建按钮图层

02 添加按钮“1”代码命令，选择场景中按钮“1”元件，按 F9 键调出动作面板，在脚本编辑区输入代码命令，如图 5-2-14 所示。

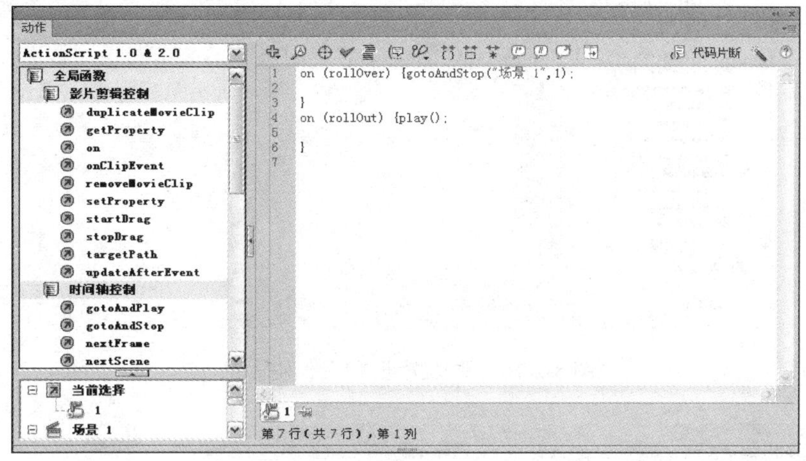

图 5-2-14　添加按钮“1”代码命令

03 添加按钮“2”代码命令，选择场景中按钮“2”元件，按 F9 键调出动作面板，在脚本编辑区输入代码命令，如图 5-2-15 所示。

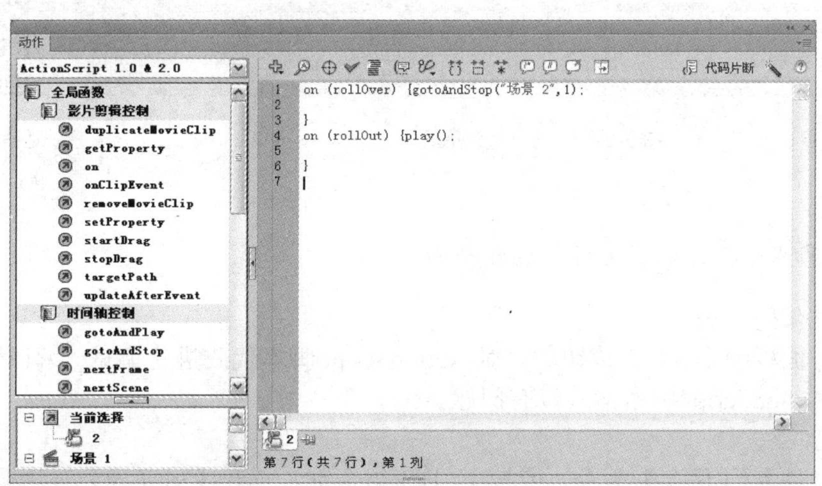

图 5-2-15　添加按钮“2”代码命令

04 添加按钮“3”代码命令，选择场景中按钮“3”元件，按 F9 键调出动作面板，在脚本编辑区输入代码命令，如图 5-2-16 所示。

05 复制按钮图层，右击“场景 1”按钮层，在弹出的快捷菜单中选择【拷贝图层】命令。单击舞台窗口右上方的“场景”图标，选择“场景 2”，右击【场景 2】的“促销 2”图层，在弹出的快捷菜单中选择【粘贴图层】命令。再单击编辑场景图标，选择“场景 3”，右击“场景 3”的【促销 3】图层，在弹出的快捷菜单中选择【粘贴图层】命令，完成效果如图 5-2-17 所示。观看“促销广告——添加 ActionScript 语句”操作视频，可扫描下面的二维码。

图 5-2-16 添加按钮“3”代码命令

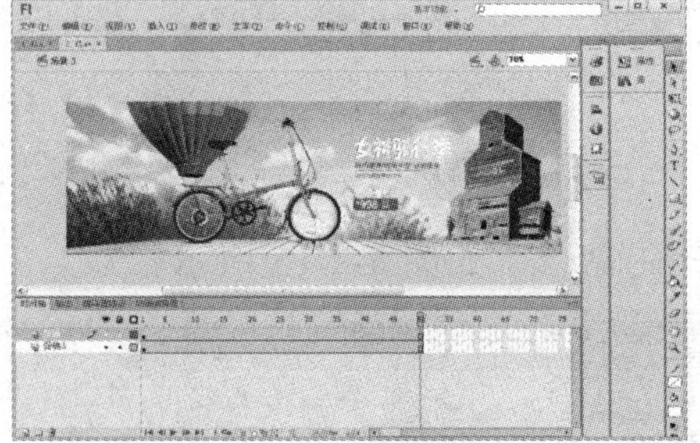

图 5-2-17 复制按钮图层

促销广告——添加 ActionScript 语句

4. 测试脚本动画、保存文件并预览动画

（1）调试代码语句

单击动作面板的【工具】按钮，对 ActionScript 脚本代码进行调试。编译器错误为零，则表示添加 ActionScript 脚本格式没有问题。

（2）保存文件

选择【文件】/【保存】命令，或按 Ctrl+S 组合键，打开【另存为】对话框，选择保存位置，在【文件名】下拉列表框中输入文件名称“促销广告”，最后单击【保存】按钮即可完成 Flash 文件的保存。

（3）预览动画

选择【控制】/【测试影片】/【测试】命令，或按 Ctrl+Enter 组合键，Flash CS6 会调用播放器来测试整个影片，起到预览的作用，测试促销广告的最终效果。

任务小结

本任务通过场景/帧及按钮控制促销广告轮播效果，使学生进一步熟悉了动作面板的操作，了解了按钮的 4 个状态，掌握了按钮元件的制作。在制作促销广告的过程中，使学生学会灵活应用播放控制语句实现多场景动画跳转效果。

任务 5.3　制作七彩流星雨交互式动画

任务描述

本任务将使用影片剪辑控制语句制作七彩流星雨动画。制作过程包括制作流星图形元件、添加 ActionScript 脚本、测试脚本动画等。本任务旨在使学生掌握使用影片剪辑控制语句。七彩流星雨的最终效果如图 5-3-1 所示。

观看“七彩流星雨动画效果”视频，可扫描下面的二维码。

图 5-3-1　七彩流星雨的最终效果

七彩流星雨动画效果

知识准备

5.3.1　控制影片剪辑的播放动作

1）要控制一个影片剪辑，首先应该为影片剪辑命名。容易混淆的是，库面板中的影片剪辑本身有一个名称，这里要命名的是场景中影片剪辑实例的名称，如图 5-3-2 所示。

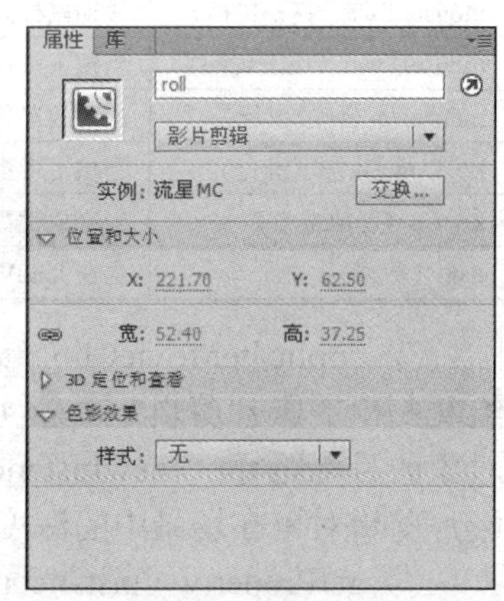

图 5-3-2　影片剪辑实例 roll

2）通过脚本控制影片剪辑实例 roll 的方法如下。

① 单击“Stop”按钮使影片剪辑 roll 实例停止播放。

```
on (release) {  roll.Stop();  }
```

② 单击“Play”按钮使 roll 实例继续播放。

```
on (release) {  roll.Play();  }
```

5.3.2　定位影片剪辑

1）定位影片剪辑最简单的方法就是使用影片剪辑的实例名，后面紧跟一个点记号“.”，然后加上影片剪辑执行的命令。

2）Flash 影片中最基本的目标层级是主时间轴。可以用关键字“_root”来表示和定位主时间轴。例如，要向主时间轴发送一个 Play（）命令，可以使用如下语句。

```
_root.play();
```

3）要定位包含某一对象的上一级对象，可以使用关键字“_parent”。所以，如果一个影片剪辑包含在主时间轴中，在影片剪辑中使用“_parent”和“_root”的效果是一样的。如果影片剪辑与主时间轴相差两个层级，即影片剪辑包含在另一个位于主时间轴中的影片剪辑中，则在该影片剪辑中使用“_parent”指代的是它上一级的影片剪辑，而“_root”指代的是它上两级的主时间轴。在主时间轴中不能使用“_parent”，因为主时间轴没有上一级。

4）关键字“this”代表脚本当前所在的层级。如果脚本位于主时间轴中，“this”即指代主时间轴；如果脚本位于影片剪辑中，“this”即指代该影片剪辑。

5.3.3 为影片剪辑添加脚本

1）影片剪辑脚本和按钮的脚本类似，都使用事件处理函数，与按钮的“on”关键字不同，影片剪辑使用“onClipEvent”关键字。当某种影片剪辑事件发生时，就会触发相应的事件处理函数，影片剪辑最重要的两种事件是 load 和 enterFrame。

2）比较常见的影片剪辑控制脚本。

① onClipEvent（event）{}:影片剪辑事件处理函数，在影片剪辑中添加脚本必须添加到此函数中。参数“event”是相应的触发事件，各事件说明如表 5-3-1 所示。

表 5-3-1　各触发事件说明

事件名称	说明
load（加载）	影片剪辑实例所在的帧被加载时触发此动作
unload（卸载）	卸载影片剪辑后触发此动作
enterFrame（进入帧）	影片剪辑每播放一帧就触发一次事件
mouseMove（移动鼠标）	移动鼠标时触发此事件
mouseDown（按下鼠标）	当按下鼠标左键时触发此动作
mouseUp（释放鼠标）	当释放鼠标左键时触发此动作
keyDown（按下键盘）	当按下键盘相应键时触发此动作
keyUp（释放键盘）	当释放键盘相应键时触发此动作
data（数据）	当在 loadVariables（）或 loadMovie（）动作中接收数据时启动此动作

② duplicateMovieClip（target，newInstanceName，depth）：复制场景上的影片剪辑，并给复制出的影片剪辑一个新实例名称和深度值。参数“target”表示需要被复制的影片剪辑对象的目标路径；“newInstanceName”表示复制出的新影片剪辑的实例名称；“depth”表示影片剪辑对象在场景中的深度。

③ getProperty（instancename，property）：获取影片剪辑实例的指定属性值并返回。参数“instancename”表示被获取属性的影片剪辑的实例名称；“property”表示要取得的属性值，如_width,_x。

④ removeMovieClip（target）：删除由 duplicateMovieClip 函数复制出来的新影片剪辑。参数“target”表示要删除对象的实例名称。该命令不能删除场景中原影片剪辑实例。

⑤ setProperty（instancename，property）：设置影片剪辑实例的指定属性值。

⑥ starDrag（）：实现对指定影片剪辑的拖拽动作。

⑦ stopDrag（）：停止对指定影片剪辑的拖拽动作。

⑧ targetPath（）：返回指定影片剪辑的目标路径。

⑨ updateAfterEvent（）：更新场景的显示。

3）常见影片剪辑属性及说明。

① _x：影片剪辑的 x 坐标值。

② _y：影片剪辑的 y 坐标值。

③ _width：影片剪辑的宽度。

④ _height：影片剪辑的高度。

⑤ _xscale：水平缩放百分比值。

⑥ _yscale：垂直缩放百分比值。

⑦ _xmouse：鼠标指针的 x 坐标。

⑧ _ymouse：鼠标指针的 y 坐标。

⑨ _name：影片剪辑实例名称。

⑩ _roation：影片剪辑旋转角度。

⑪ _alpha：影片剪辑透明度。

⑫ _visible：影片剪辑可见性。

⑬ _parent：影片剪辑的父级影片剪辑。

⑭ _target：影片剪辑实例的目标路径。

任务实施

1. 制作流星元件

01 启动 Flash CS6，选择【文件】/【新建】命令或按 Ctrl+N 组合键，在【新建文档】对话框中选择类型为“ActionScript 2.0”，修改文档尺寸为 600 像素×400 像素，设置帧频为“12.00”帧（fps），背景颜色为黑色等，如图 5-3-3 所示。

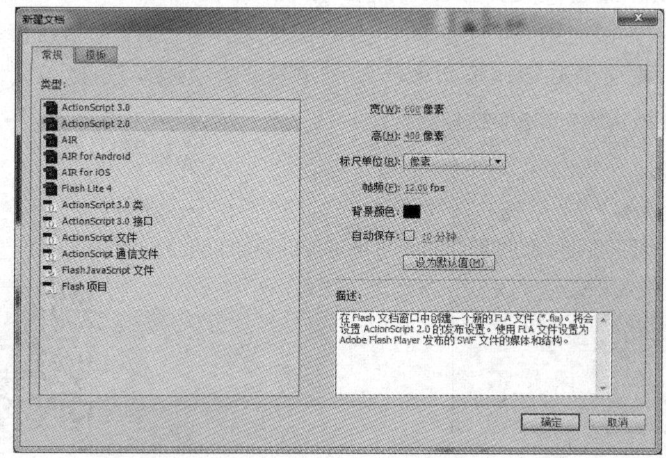

图 5-3-3　新建文档

02 绘制流星，在工具面板中单击【线条工具】按钮，在属性面板中设置笔触颜色为黑白，类型为线性渐变，笔触高度为 2，在舞台上绘制一个倾斜的线条，如图 5-3-4 所示。

03 制作流星图形元件，选中绘制好的流星线条，按 F8 键，在打开的【创建新元件】对话框中输入名称为“流星”，类型为“图形”，单击【确定】按钮，如图 5-3-5 所示。观看“七彩流星雨——绘制流星元件”操作视频，可扫描下面的二维码。

图 5-3-4　绘制流星

图 5-3-5　创建流星图形元件

七彩流星雨——绘制流星元件

04 制作流星影片剪辑元件，按 F8 键，在打开的【创建新元件】对话框中输入名称为“流星 MC”，类型为“影片剪辑”，单击【确定】按钮，如图 5-3-6 所示。

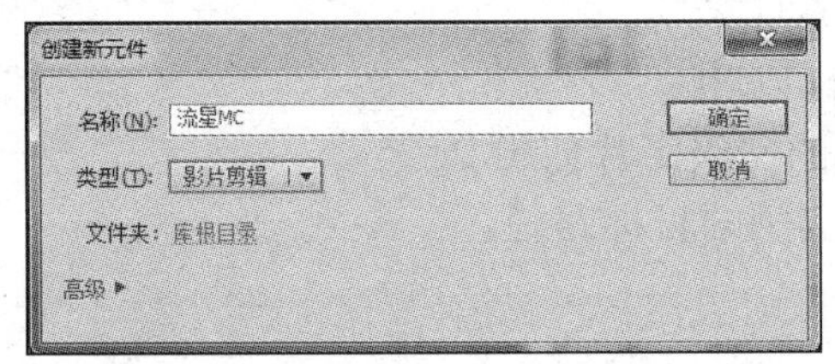

图 5-3-6　创建流星 MC 影片剪辑元件

05 编辑流星 MC 影片剪辑元件，双击影片剪辑“流星 MC”，进入编辑状态，并分别在第 10 帧、第 20 帧处，按 F6 键插入关键帧，分别选择第 1 帧和第 20 帧中的图形元件“流星”，然后在属性面板的“色彩效果”选项中设置其 Alpha 值为“0%”，如图 5-3-7 所示。并将第 10 帧、第 20 帧“流星”元件往左下角移动一段距离，如图 5-3-8 所示。再分别右击第 1 帧～第 10 帧和第 11 帧～第 20 帧，在弹出的快捷菜单中选择【创建传统补间】命令，完成补间动画的创建。观看“七彩流星雨——绘制流星 MC”操作视频，可扫描下面的二维码。

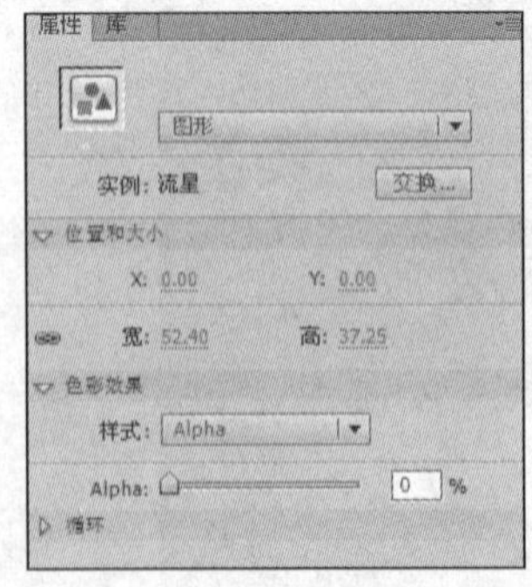

图 5-3-7　设置 Alpha 值

七彩流星雨——绘制流星 MC

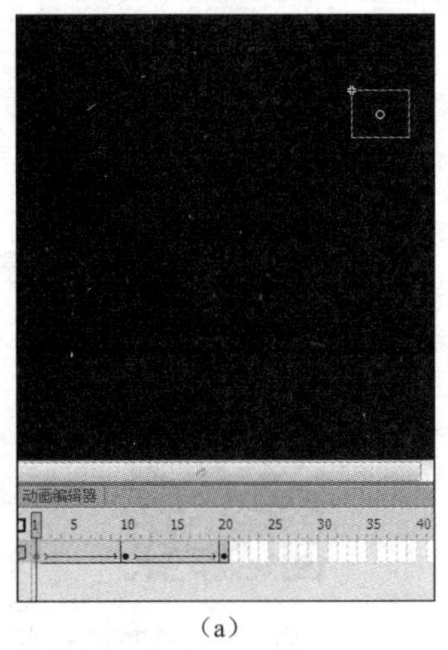
（a）

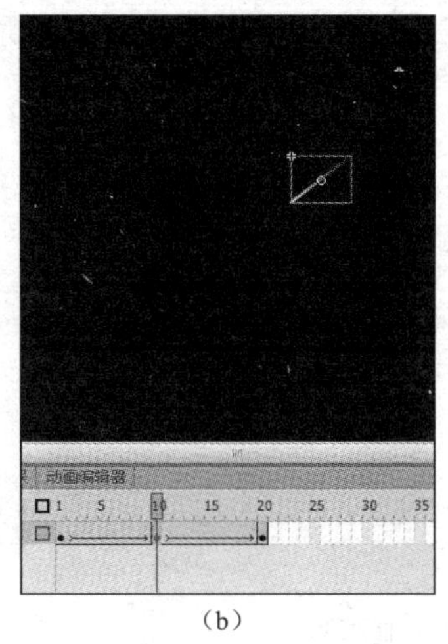
（b）

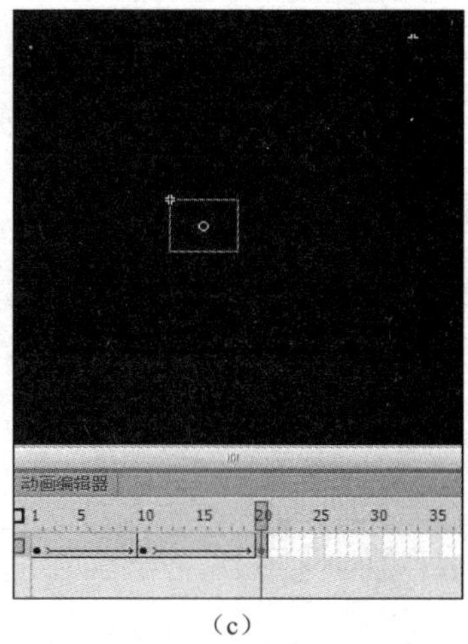
（c）

图 5-3-8　第 1 帧、第 10 帧、第 10 帧流星元件位置关系

2. 添加控制脚本

01 单击舞台窗口左上方的“场景 1”图标，切换至“场景 1”的舞台窗口，在时间轴下方单击【新建】按钮，新建“图层 2”，然后右击“图层 2”第 2 帧，在弹出的快捷菜单中选择【插入空白关键帧】命令，再单击“图层 1”第 2 帧，在弹出快捷菜单中选择【插入帧】命令，效果如图 5-3-9 所示。

02 选中舞台中的影片剪辑“流星 MC”，在属性面板中输入实例名称“star”，如图 5-3-10 所示。

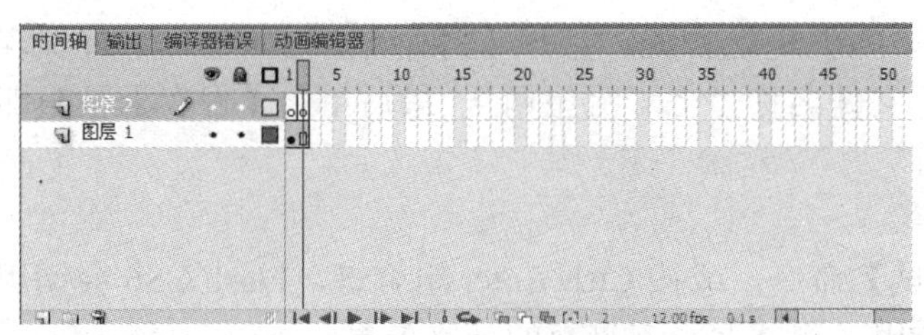

图 5-3-9　新建图层

图 5-3-10　设置影片剪辑实例名称

03 添加控制脚本，单击“图层 2”第 2 关键帧，按 F9 键调出动作面板，在脚本编辑区输入代码命名，如图 5-3-11 所示。观看“七彩流星雨——添加控制脚本”操作视频，可扫描下面的二维码。

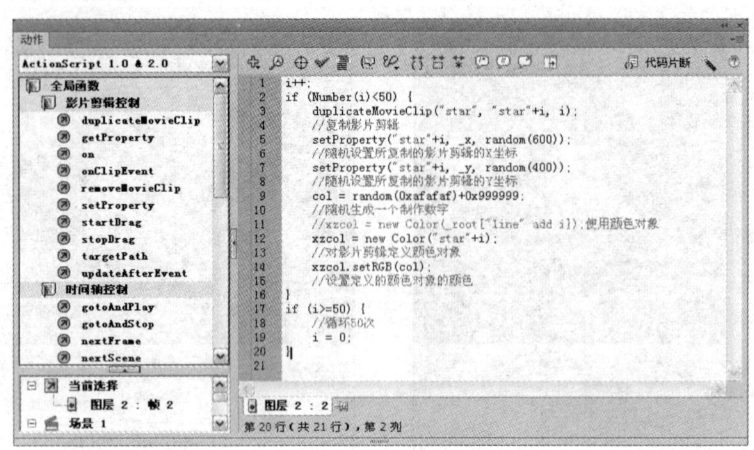

图 5-3-11　添加控制脚本

七彩流星雨——添加控制脚本

小提示

通过影片剪辑控制脚本 duplicateMovieClip ( )对场景中影片剪辑进行复制，通过 setProperty ( )命令，对每次复制出的影片剪辑进行坐标设置，其坐标值由随机函数 random ( )随机产生，从而使复制出来的影片剪辑随机分布在舞台上；再通过 Color ( )对象为每个复制出来的影片剪辑定义一个颜色对象，最后使用 setRGB ( )方法，对其颜色进行随机设置，从而产生各种颜色的影片剪辑元件，即七彩流星。

3. 测试脚本动画、保存文件并预览动画

（1）调试代码语句

单击动作面板的【工具】按钮，对 ActionScript 脚本代码进行调试。编译器错误为零，则表示添加 ActionScript 脚本格式没有问题。

（2）保存文件

选择【文件】/【保存】命令，或按 Ctrl+S 组合键，打开【另存为】对话框，选择保存位置，在【文件名】下拉列表框中输入文件名称“七彩流星雨”，最后单击【保存】按钮即可完成 Flash 文件的保存。

（3）预览动画

选择【控制】/【测试影片】/【测试】命令，或按 Ctrl+Enter 组合键，Flash CS6 会调用播放器来测试整个影片，起到预览的作用，测试七彩流星雨的最终效果。

任务小结

本任务通过影片剪辑控制脚本制作七彩流星雨效果，使学生熟悉并掌握了如何通过影片剪辑控制动作，了解了比较常用的影片剪辑控制脚本及影片剪辑各属性说明。在制作五彩流星雨动作的过程中，使学生学会了通过影片剪辑控制脚本 duplicateMovieClip()增加“流星”数量来达到流星雨效果。另外，还可以使用该脚本制作漫天飘雪、随风花瓣等动画效果。

拓展知识

在 Flash 脚本流程控制或循环控制中条件/循环语句非常重要，常见的有以下两种。

1）if 语句：满足该语句的条件判断时，则执行语句中的程序内容；反之，则不执行。如图 5-3-12 所示。

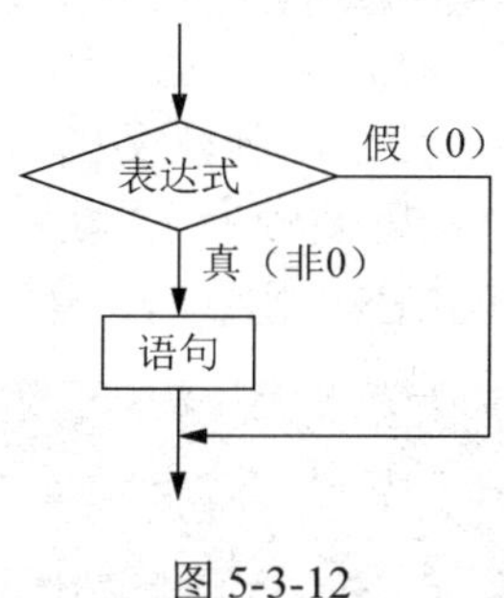

图 5-3-12

与 if 配合的还有 else 或 else if 语句，这两个语句分别在不满足 if 条件时执行，或在不满足 if，而满足另一个 if 条件时执行。

通过如下程序语句实现输出 10 个 HELLO FLASH。

```
i=0;
   if(i<10){
   trace(“HELLO FLASH”);
   i++;
}
```

2）for 语句：先判断是否满足执行条件，若满足则继续执行，否则就跳出 for 循环，执行后面的语句。它的一般形式为 for（表达式 1；表达式 2；表达式 3），如图 5-3-13 所示。

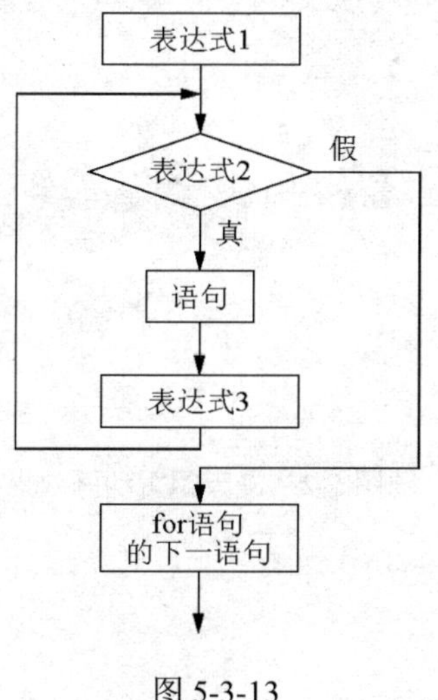

图 5-3-13

通过如下程序语句实现输出 10 个 HELLO FLASH。

```
for(i=0;i<10;i++){
   trace("HELLO FLASH");
}
```

课后练习

1. 制作圣诞礼物交互动画效果。要求：新建文档，选择类型为“ActionScript 2.0”，修改文档尺寸为 550 像素×400 像素，设置帧频为 12 帧（fps）等。当鼠标指针移动到大礼物盒时，大礼物盒会跳到其他地方；单击小礼物盒时，进入祝福画面，效果如题图 5-1 所示。

（a）

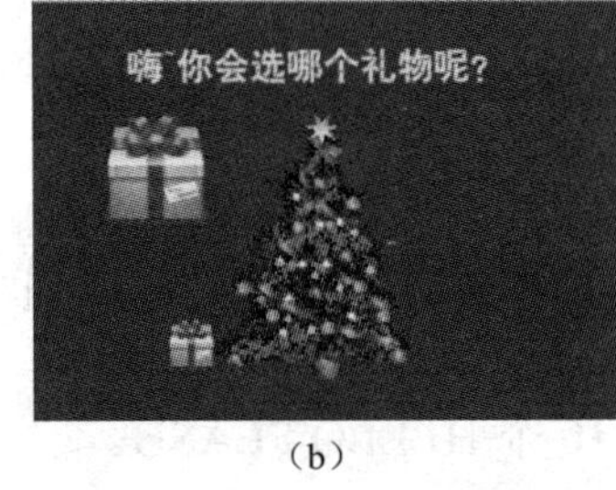

（b）

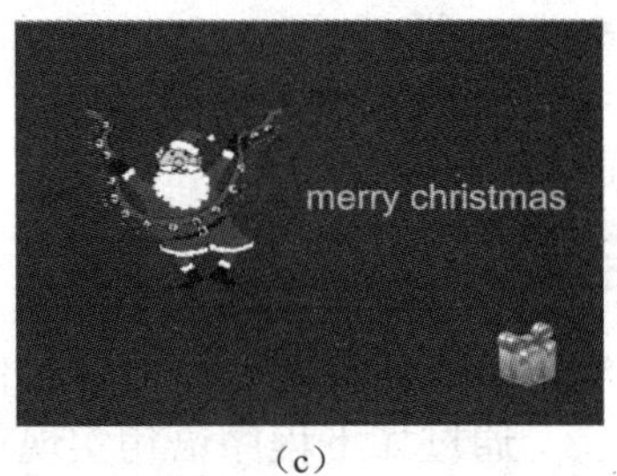

（c）

题图 5-1　圣诞礼物交互动画效果

2. 制作漫天飘雪动画效果。要求：新建文档，选择类型为“ActionScript 2.0”，修改文档尺寸为 600 像素×450 像素，设置帧频为 12 帧（fps）等。漫天飘雪的效果如题图 5-2 所示。

题图 5-2　漫天飘雪动画效果

特殊动画的制作

制作简单的 Flash 动画，往往不能满足需求。很多有趣的动画效果，并不能完全通过补间动画来实现，而需要使用引导动画及遮罩动画来实现。在很多有特殊效果的动画中，通常都会添加多个引导动画和遮罩动画来满足制作需求。本项目将介绍引导动画和遮罩动画的制作方法。

知识目标

1. 掌握引导动画的基本原理及基本制作方法。
2. 掌握遮罩动画的基本原理及基本制作方法。

技能目标

1. 理解引导动画和遮罩动画的制作原理，能熟练制作相关动画。
2. 利用引导动画实现雪花飘落的效果。
3. 利用遮罩动画制作水波纹等丰富的动画效果。

任务 6.1　制作圣诞雪夜特殊动画

任务描述

本任务借助 Flash CS6 软件中的特殊图层——引导层，以及元件的使用，来制作引导动画实现雪花飘落的效果。圣诞雪夜的最终效果如图 6-1-1 所示。

观看“圣诞雪夜动画效果”视频，可扫描下面的二维码。

图 6-1-1　圣诞雪夜的最终效果

圣诞雪夜动画效果

知识准备

1. 了解引导动画

引导动画就是通过创建引导层，使引导层中的对象沿着引导层中的路径进行运动的动画。引导层在影片制作过程中主要起辅助作用，在发布时不会显示在 Flash 影片的屏幕中。

2. 引导层的分类

引导层分为普通引导层和运动引导层两种，它们的作用及产生的效果均有所不同。

（1）普通引导层

普通引导层在影片中起辅助静态对象定位的作用。设置图层为普通引导层的方法为选中要作为引导层的图层并右击，在弹出的快捷菜单中选择【引导层】命令，即可将该图层创建为普通引导层，在图层区域以图标表示。

（2）运动引导层

在 Flash 动画中为对象建立曲线运动或使它沿指定的路径运动是不能够直接完成的，需要借助运动引导层来实现。运动引导层可以根据需要与一个图层或任意多个图层相关联，这些被关联的图层称为被引导层。创建的引导层在图层区域以图标表示。

创建运动引导层后，在时间轴的图层编辑区中，被引导层的标签向内缩进，上方的引导层则没有缩进，非常形象地表现出两者之间的关系。默认情况下，任何一个新创建的运动引导层都会自动放置在用来创建该运动引导层的普通图层的上方。移动该图层，则所有同它相连接的图层都将随之移动，以保持它们之间引导和被引导的关系，如图 6-1-2 所示。

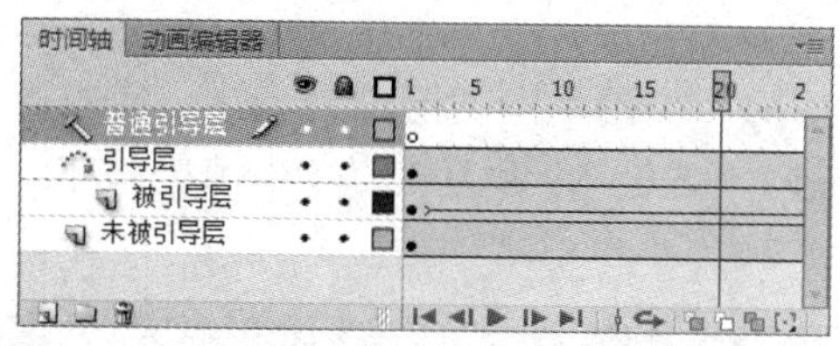

图 6-1-2　引导层

（3）普通引导层和运动引导层的相互转换

普通引导层和运动引导层之间可以相互转换。要将普通引导层转换为运动引导层，只需给普通引导层添加一个被引导层即可。其方法是拖动需要被引导的图层至普通引导层下方，图层标签向内缩进即被引导。同样，如果要将运动引导层转换为普通引导层，只需将与运动引导层相关联的所有被引导层拖动到运动引导层的上方即可。

3. 制作引导动画的注意事项

在制作引导动画过程中需要注意以下问题。

1）引导线的转折不宜过多：引导线的转折不宜过多且转折处的线条弯转不宜过急，以免 Flash 无法准确判断对象的运动路径。

2）引导线应流畅：引导线应为一条流畅、从头到尾连续贯穿的线条，线条不能出现中断。

3）引导线不能交叉：引导线中不能出现交叉、重叠的现象，否则会导致动画创建失败。

4）必须吸附在引导线上：被引导对象必须吸附在引导线上，否则被引导对象无法沿着引导路径运动。

5）必须为未封闭线条：引导线必须是未封闭的线条。

6）灵活使用【调整到路径】复选框：在属性面板中勾选【调整到路径】复选框，可使运动对象根据路径情况进行调整，从而达到更真实的运动效果。例如，小鸟沿着引导线平行飞行后转向下飞行，此时如果勾选【调整到路径】复选框，则 Flash 会调整小鸟的倾斜度使其头及身体有一个稍向下倾的效果，使小鸟的动作更加真实。

小提示

被引导层可以有多层，也就是允许多个对象沿着同一条引导线进行运动，一个引导层也允许有多条引导线，但一个引导层中的对象只能在一条引导线上运动。

任务实施

1. 创建文档，导入素材

01 启动 Flash CS6，选择【文件】/【新建】命令或按 Ctrl+N 组合键，或在欢迎界面的

“新建”栏中进行选择，新建 Flash 文档，文件命名为“圣诞雪夜”。

02 在属性面板中，修改文档的尺寸为 637 像素×472 像素，设置帧频为 12 帧（fps），背景颜色为白色。

03 将文件名为“雪夜.jpg”的图片拖动至舞台当中，使用对齐工具将图片与舞台对齐。将默认的“图层 1”重命名为“雪夜”，并且在第 40 帧处按 F5 键插入普通帧，如图 6-1-3 所示。

图 6-1-3 创建图层“雪夜”

2. 创建元件

01 选择【插入】/【新建元件】命令，或按 Ctrl+F8 组合键，打开【创建新元件】对话框，输入元件名称“雪花 1”，类型为“图形”，如图 6-1-4 所示。

02 绘制一个雪花。在工具面板中选择合适的绘图工具在工作区中绘制图形，设置颜色类型为放射状，颜色由白色到白色，两端透明度分别设置为 80%和 0%，效果如图 6-1-5 所示。

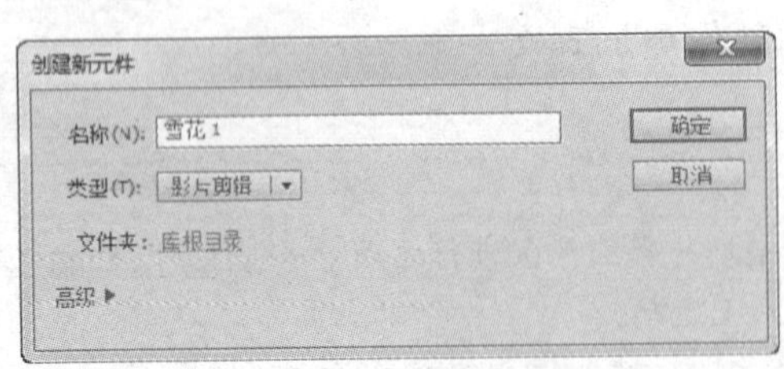

图 6-1-4 创建图形元件“雪花 1”

图 6-1-5 元件“雪花 1”

03 选择【插入】/【新建元件】命令，或按 Ctrl+F8 组合键，打开【创建新元件】对话框，输入元件名称“下雪 1”，类型为“图形”。将“雪花 1”元件放置在舞台中，在第 1 帧与第 40 帧分别添加关键帧，创建传统补间，制作雪花由上至下的运动，如图 6-1-6 所示。

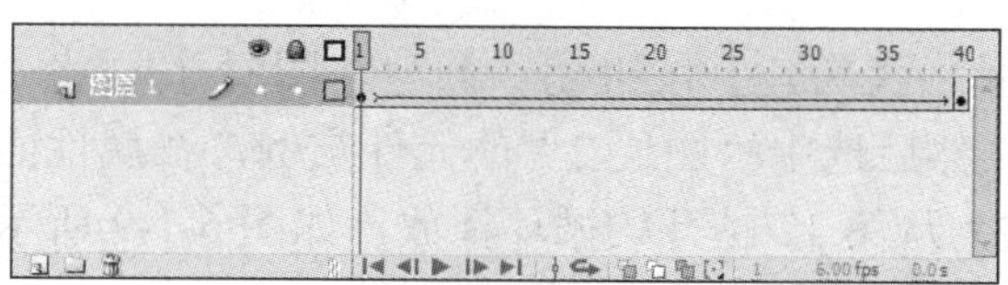

图 6-1-6　创建元件“下雪 1”

3. 制作引导动画

01 右击“图层 1”，在弹出的快捷菜单中选择【添加传统运动引导层】命令，添加引导层，如图 6-1-7 所示。

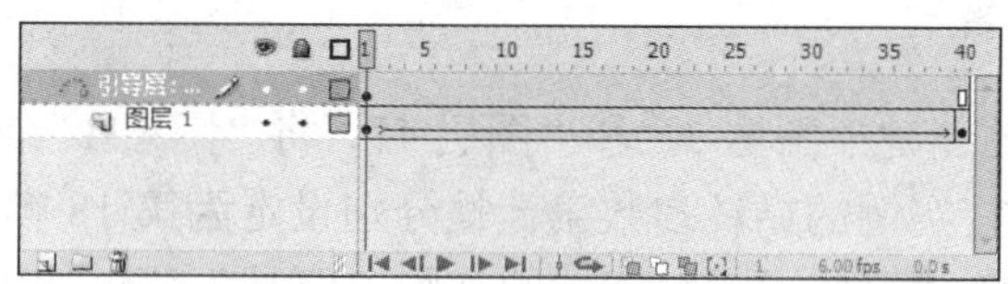

图 6-1-7　添加引导层

02 选择引导层，在工具面板中单击【铅笔工具】按钮，在舞台上从上至下绘制一条平滑的曲线，作为雪花下落的路径。

03 将“雪花 1”元件在第 1 帧时，牵引到引导线的顶端，在第 40 帧时，牵引到引导线的底端。

04 按 Enter 键，在舞台中播放动画，这样就完成了一片雪花飘落的动画，如图 6-1-8 所示。观看“创建雪花元件”操作视频，可扫描下面的二维码。

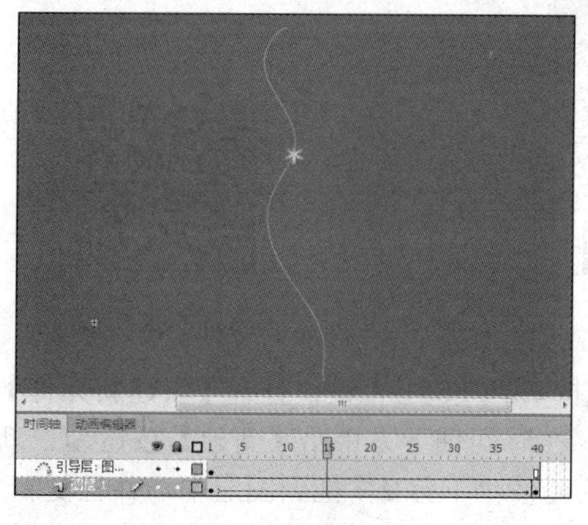

图 6-1-8　引导动画效果

创建雪花元件

4. 创建“下雪 2”元件

01 选择【插入】/【新建元件】命令，或按 Ctrl+F8 组合键，打开【创建新元件】对话框，输入元件名称“下雪 2”，类型为“图形”。进入该元件的编辑界面，从库面板中将元件“下雪 1”拖入元件“下雪 2”的舞台，并且将实例的中心点对齐到舞台中心。在第 40 帧处按 F5 键插入普通帧，将时间轴的帧数延长到第 40 帧。

02 在时间轴下方单击【新建】按钮，新建“图层 2”，将“图层 1”的第 1 帧复制到“图层 2”的第 1 帧。然后选中“图层 2”的元件实例，在属性面板中设定实例的循环选项为“循环”，动画形式为从第 12 帧开始循环播放，如图 6-1-9 所示。

图 6-1-9 设置循环参数

5. 制作“大雪”效果

01 采用同样的方法新建“图层 3”和“图层 4”。将“图层 1”的第 1 帧分别复制到“图层 3”和“图层 4”中，将实例的循环参数第一帧分别设定为第 18 帧和第 24 帧。这样在第 1 帧～第 40 帧内雪花的下落就形成了一个连续的动画，但是下落过程中的顺序是错落有致的，如图 6-1-10 所示。观看“雪花飘落动画”操作视频，可扫描下面的二维码。

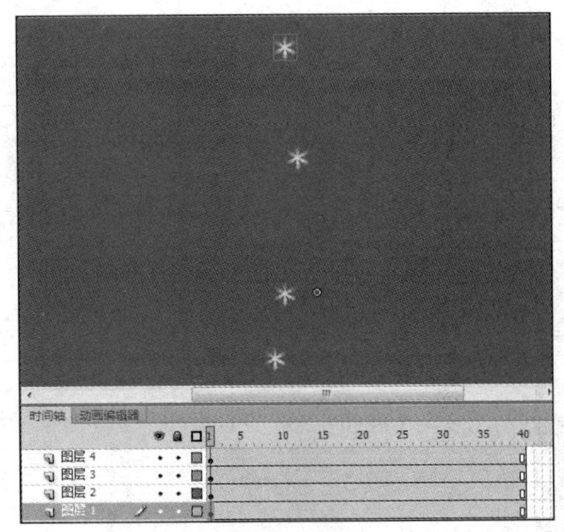

图 6-1-10 设置多个图层

雪花飘落动画

02 选择【插入】/【新建元件】命令，或按 Ctrl+F8 组合键，打开【创建新元件】对话框，输入元件名称“下雪 3”，类型为“图形”。在时间轴下方单击【新建】按钮，新建一个图层，将图层命名为“大雪”，将刚才制作的元件“下雪 2”拖到图层中，并且复制多次。

03 在时间轴下方单击【新建】按钮，再新建一个图层，将图层命名为“中雪”，将制作的元件“下雪 2”拖到图层中，单击【中雪】图层的第 1 帧，在变形面板中将实例等比缩放 80%，然后将实例之间拉开距离，使其不重叠。

04 在时间轴下方单击【新建】按钮，再新建一个图层，将图层命名为“小雪”，将制作的元件“下雪 2”拖到图层中，单击【中雪】图层的第 1 帧，在变形面板中将实例等比缩放 50%,然后将实例之间拉开距离，使其形成错落有致的效果，如图 6-1-11 所示。观看“制作下大雪效果”操作视频，可扫描下面的二维码。

图 6-1-11　制作下雪效果

制作下大雪效果

小提示

下雪这种自然现象由云层中的水蒸气在空气温度低于 0℃的时候，凝结成白色的晶体——雪，从空中飘落下来形成的。雪花的分量轻，在飘落过程中，受空中气流的影响，形成波浪弧线飘动下落。

在现实场景中，由于透视关系，下雪时雪花呈现出一种近大远小的状态，因此用大、中、小三种不同大小的雪花来表现场景的空间感。

6. 添加“圣诞老人”动画效果

01 在时间轴下方单击【新建】按钮，新建一个图层，将图层命名为“圣诞老人”，将库面板中的“圣诞老人”素材拖动至舞台。在第 1 帧与第 40 帧插入关键帧并创建传统补间，制作一个从左到右的动画。

02 右击【圣诞老人】图层，在弹出的快捷菜单中选择【添加传统运动引导层】命令。为【圣诞老人】图层创建一个引导层，在该引导层中绘制一条平滑曲线，并将圣诞老人的素材附加到引导线上，如图 6-1-12 所示。观看“圣诞雪夜背景”和“圣诞雪夜动画”操作视频，可扫描下面的二维码。

图 6-1-12　圣诞老人的运动效果

圣诞雪夜背景

圣诞雪夜动画

7. 保存、预览并发布动画

（1）保存文件

选择【文件】/【保存】命令，或按 Ctrl+S 组合键，打开【另存为】对话框，选择保存位置，在【文件名】下拉列表框中输入文件名称“圣诞雪夜”，最后单击【保存】按钮即可完成 Flash 文件的保存。

（2）预览动画

选择【控制】/【测试影片】/【测试】命令，或按 Ctrl+ Enter 组合键，Flash CS6 会调用播放器来测试整个影片，起到预览的作用。

（3）发布动画

选择【文件】/【发布设置】命令，或按 Ctrl+Shift+F12 组合键，打开【发布设置】对话框，发布的类型可以选择 Flash、HTML 包装器、GIF 图像、JPEG 图像、PNG 图像等。

任务小结

本任务通过一个动画效果的制作，使学生认识了 Flash CS6 的引导线动画；通过引导层与被引导层的设置、元件的使用，使学生了解了引导线动画的基本流程。在制作的过程中，通过使用图层、了解引导层的功能，使学生熟悉了引导层与元件的使用方法。

任务 6.2　制作湖光山色特殊动画

任务描述

本任务通过 Flash 中遮罩图层的创建，使用遮罩创建动画实现水纹波动的遮罩动画的制作，同时利用水在波纹状态中的运动规律制作出湖水的效果。湖光山色的最终效果如图 6-2-1 所示。观看“湖光山色动画效果”视频，可扫描下面的二维码。

图 6-2-1　湖光山色的最终效果

湖光山色动画效果

知识准备

1. 了解遮罩动画

遮罩动画主要包括遮罩层及被遮罩层，遮罩层是一种特殊的图层，在遮罩层中绘制的对象具有透明效果，可以将图形位置的背景显露出来，而遮蔽其他部分的背景。如果遮罩层中是一个月亮图形，则只能看到这个月亮中的动画效果，如图 6-2-2 所示。

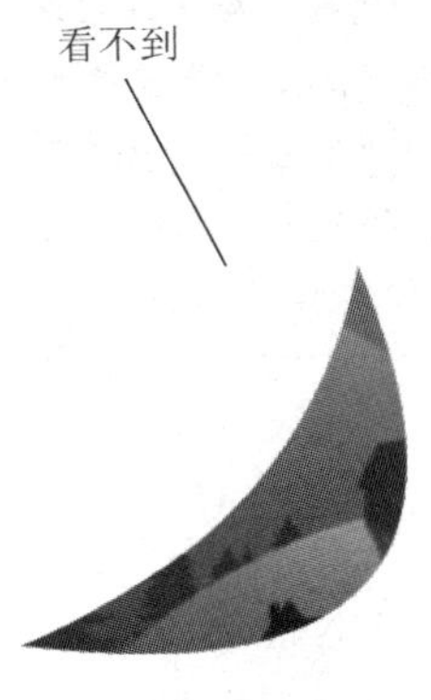

图 6-2-2　遮罩层原理示意图

2. 创建遮罩动画

创建遮罩动画的方法比较简单，关键是遮罩形状的绘制，其次是创建遮罩层，而其他动画效果的实现则与传统补间动画、逐帧动画、补间动画、引导动画等相同。制作遮罩动画通用的方法是先新建图层并绘制好遮罩形状图形，然后创建动画效果，最后在遮罩层上右击，在弹出的快捷菜单中选择【遮罩层】命令完成遮罩动画的创建。

小提示

在已经创建遮罩动画的遮罩层上右击，在弹出的快捷菜单中选择【遮罩层】命令可取消遮罩层。如果要对遮罩层或被遮罩层进行编辑，单击对应层中的图标 🔒 取消图层锁定即可，编辑完成后可再次锁定图层。

3. 遮罩动画的制作技巧

在制作遮罩动画时还需要注意运用以下技巧，通过这些技巧更加方便地制作出精彩的动画画面。

1）遮罩层中的对象可以是按钮、影片剪辑、图形和文字等，但不能使用线条，被遮罩层中则可以是除了动态文本之外的任意对象。

2）在遮罩层和被遮罩层中可使用形状补间动画、动作补间动画和引导动画等多种动画形式。

3）在制作遮罩动画的过程中，遮罩层可能会挡住下面图层中的元件，这时要对遮罩层中对象的形状进行编辑，可以单击时间轴中的【显示图层轮廓】按钮，使遮罩层中的对象只显示边框形状，以便对遮罩层中对象的形状、大小和位置进行调整。

4）不能用一个遮罩层来遮罩另一个遮罩层。

小提示

水的基本形态

水在生活中随处可见，从一滴水珠到滚滚波涛，变化无穷。水是一种液体，它的运动随不同的环境和情景而变化，水往低处流是其最基本的运动规律。水是随意性和可变性很大的液体，在动画中表现水的运动，可以归纳为七种基本形态：聚合、分离、推进、S 形变化、曲形变化、扩散形变化、波浪形变化。其中水波的表现形式可以画几条波浪形线，使其活动起来。两张原画之间按曲线运动规律加 5 ~ 7 张动画，可循环拍摄。

任务实施

1. 创建文档，导入素材

01 启动 Flash CS6，选择【文件】/【新建】命令或按 Ctrl+N 组合键，或在欢迎界面的“新建”选项组中进行选择，新建 Flash 文档，文件命名为“湖光山色”。

02 在属性面板中，修改文档的尺寸为 550 像素×400 像素，设置帧频为 12 帧（fps），背景颜色为白色。

03 将文件名为“湖水.jpg”的图片拖动至舞台当中，使用对齐工具将图片与舞台对齐。将默认的“图层 1”重命名为“湖水背景图”。

2. 制作湖水错位图

01 在时间轴下方单击【新建】按钮，新建一个图层，将图层命名为“湖水错位图”，再从库中将“湖水.jpg”的图片拖入场景中，将图片在 y 轴方向上移动-5 个单位。

02 选择【插入】/【新建元件】命令，或按 Ctrl+F8 组合键，打开【创建新元件】对话框，输入元件名称“水纹”，选择类型为“影片剪辑”。在工具面板中选择线条工具绘制一个红色的横向矩形，然后复制出一组等间距的矩形线条，如图 6-2-3 所示。

03 创建一个长度为 200 帧的补间动画，在第 200 帧处按 F6 键插入关键帧，制作出横条在舞台中由上向下移动的效果。观看“湖面效果”操作视频，可扫描下面的二维码。

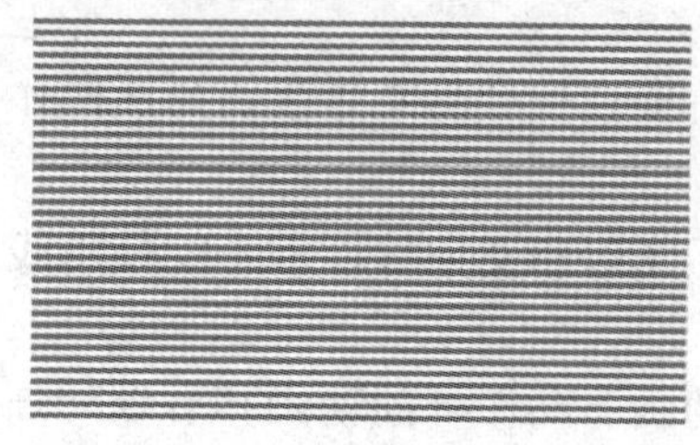

图 6-2-3　绘制“水纹”

湖面效果

3. 制作遮罩动画

01 单击舞台窗口左上方的“场景 1”图标，切换至“场景 1”的舞台窗口，在时间轴下方单击【新建】按钮，新建一个图层，将图层命名为“水纹”。在第 1 帧关键帧处，将影片剪辑元件“水纹”从库拖入场景中，如图 6-2-4 所示。

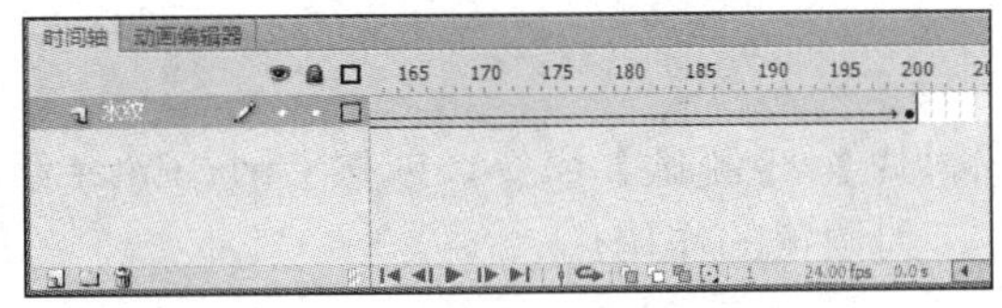

图 6-2-4　设置图层

02 在时间轴下方单击【新建】按钮，再新建一个图层，将图层命名为“湖石”。将【湖石】图层拖入场景中，放置于图层最顶层，并移动到合适位置，如图 6-2-5 所示。

图 6-2-5　湖面效果图

03 在图层“水纹”上右击，在弹出的快捷菜单中选择【遮罩层】命令，创建遮罩层，图层“湖水错位”设置为被遮罩层，如图 6-2-6 所示。观看“湖光山色”操作视频，可扫描下面的二维码。

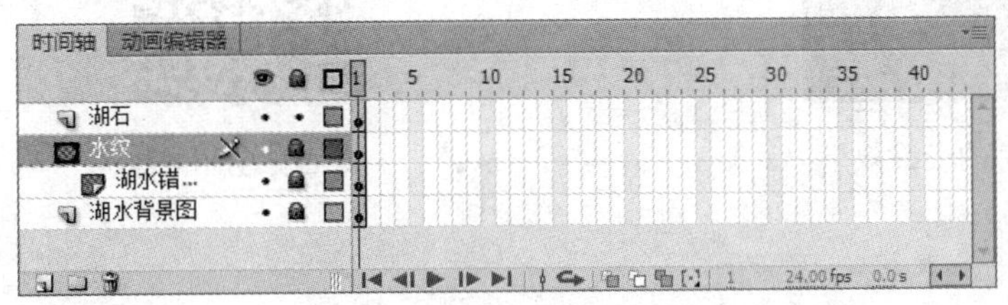

图 6-2-6　设置遮罩层

湖光山色

4. 保存、预览并发布动画

（1）保存文件

选择【文件】/【保存】命令，或按 Ctrl+S 组合键，打开【另存为】对话框，选择保存位置，在【文件名】下拉列表框中输入文件名称“湖光山色”，最后单击【保存】按钮即可完成 Flash 文件的保存。

（2）预览动画

选择【控制】/【测试影片】/【测试】命令，或按 Ctrl+ Enter 组合键，Flash CS6 会调用播放器来测试整个影片，起到预览的作用。

（3）发布动画

选择【文件】/【发布设置】命令，或按 Ctrl+Shift+F12 组合键，打开【发布设置】对话框，发布的类型可以选择 Flash、HTML 包装器、GIF 图像、JPEG 图像、PNG 图像等。

任务小结

本任务通过一个动画效果的制作，使学生认识了 Flash CS6 中遮罩层的使用方法；通过 Flash 中遮罩图层的创建，使学生熟练了使用遮罩创建动画实现水纹波动遮罩动画的制作。

任务 6.3　制作探照灯文字特殊动画

任务描述

本任务通过切换遮罩层与被遮罩层，实现了探照灯文字动画创建。探照灯文字的最终效果如图 6-3-1 所示。观看“探照灯动画效果”视频，可扫描下面的二维码。

图 6-3-1　探照灯文字的最终效果

探照灯动画效果

知识准备

1. 构成遮罩层和被遮罩层的元素

遮罩层中的图形对象在播放时是看不到的，遮罩层中的内容可以是按钮、影片剪辑、图形、位图、文字等，但不能使用线条，如果一定要用线条，可以将线条转化为“填充”。

被遮罩层中的对象只能透过遮罩层中的对象被看到。在被遮罩层，可以使用按钮、影片剪辑、图形、位图、文字、线条。

2. 遮罩中可以使用的动画形式

可以在遮罩层、被遮罩层中分别或同时使用形状补间动画、动作补间动画、引导线动画等动画手段，从而使遮罩动画变成一个可以施展无限想象力的创作空间。

小提示

遮罩层是由普通图层转化的。在某个图层上右击，在弹出的菜单中选择【遮罩层】命令，该图层就会转换成遮罩层，系统会自动把遮罩层下面的一层关联为被遮罩层，如果想关联更多被遮罩层，只要把这些层拖到被遮罩层下面即可。

任务实施

1. 创建文档

01 启动 Flash CS6，选择【文件】/【新建】命令或按 Ctrl+N 组合键，或在欢迎界面的“新建”栏中进行选择，新建 Flash 文档，文件命名为“探照灯文字”。

02 在属性面板中，修改文档的尺寸为 550 像素×400 像素，设置帧频为 12 帧（fps），背景颜色为黑色。

03 将默认的“图层 1”重命名为“文字”，并在场景的中央输入“ABCDEFG”，按 Ctrl+B 组合键将文字打散，并在第 25 帧处按 F5 键插入普通帧，将该图层的时间轴长度延长至 25 帧，如图 6-3-2 所示。

图 6-3-2　设置时间轴

2. 创建元件

01 选择【插入】/【新建元件】命令，或按 Ctrl+F8 组合键，打开【创建新元件】对话框，输入元件名称“探照灯”，选择类型为“影片剪辑”，如图 6-3-3 所示。

02 在时间轴下方单击【新建】按钮，新建一个图层，将图层命名为“探照灯”。

图 6-3-3 创建影片剪辑元件“探照灯”

03 将“探照灯”元件拖入场景中，与场景中的文字左对齐，如图 6-3-4 所示。观看“创建探照灯元件”操作视频，可扫描下面的二维码。

图 6-3-4 对齐图形

创建探照灯元件

3. 制作遮罩动画

01 在【探照灯】图层的第 25 帧处按 F6 键插入关键帧，在第 1 帧处右击，在弹出的快捷菜单中选择【创建传统补间】命令，创建补间动画。

02 右击“探照灯”图层，在弹出的快捷菜单中选择【遮罩层】命令，创建遮罩层，图层“文字”则设置为被遮罩层。

03 按 Ctrl+Enter 组合键测试影片效果，如图 6-3-5 所示。

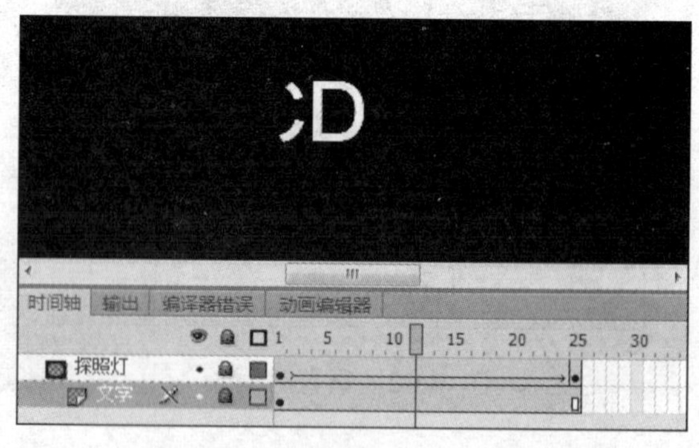

图 6-3-5 设置补间动画

4. 制作炫光彩球

01 打开上一示例“探照灯文字”，将文件另存为“炫光彩球”，效果如图 6-3-6 所示。

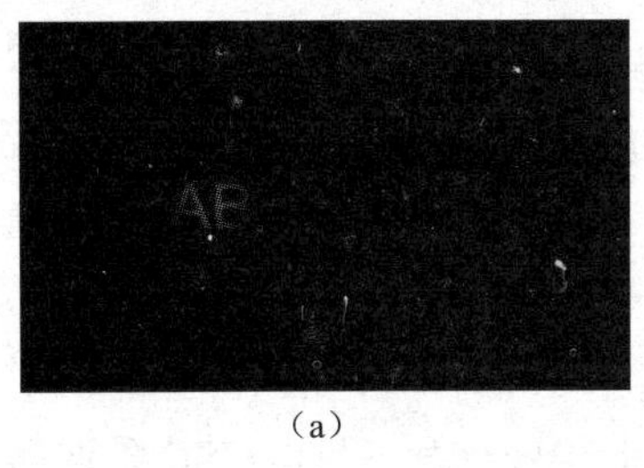
（a）

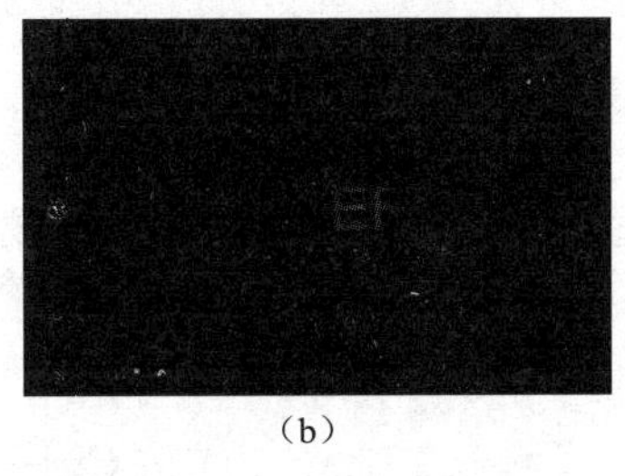
（b）

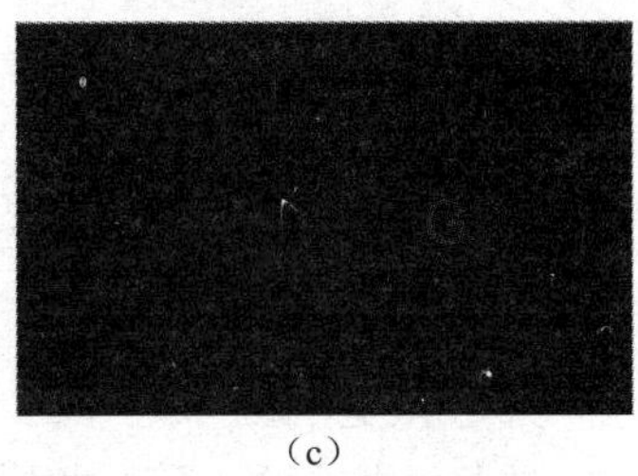
（c）

图 6-3-6　炫光彩球动画效果

02 进入库，打开元件“探照灯”，将其重命名为“彩球”。将时间轴延长至第 24 帧，在第 1 帧、第 8 帧、第 16 帧、第 24 帧插入关键帧，并在每两个关键帧之间插入形状补间，如图 6-3-7 所示。

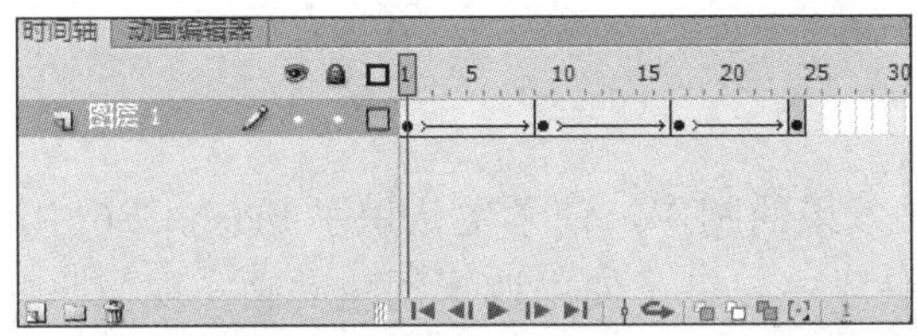

图 6-3-7　设置形状补间

03 在第 1 帧时，将小球颜色变为红色径向渐变；在第 8 帧时，将小球颜色变为绿色渐变；在第 16 帧时，将小球颜色变为蓝色渐变；在第 24 帧时，将小球颜色变为红色渐变。

04 单击舞台窗口左上方的“场景 1”图标，切换至“场景 1”的舞台窗口，在【探照灯】图层上右击，在弹出的快捷菜单中选择【遮罩层】命令，取消遮罩层。将“探照灯”重命名为“彩球”，并将该层拖至【文字】图层下方，如图 6-3-8 所示。观看“制作眩光彩球”操作视频，可扫描下面的二维码。

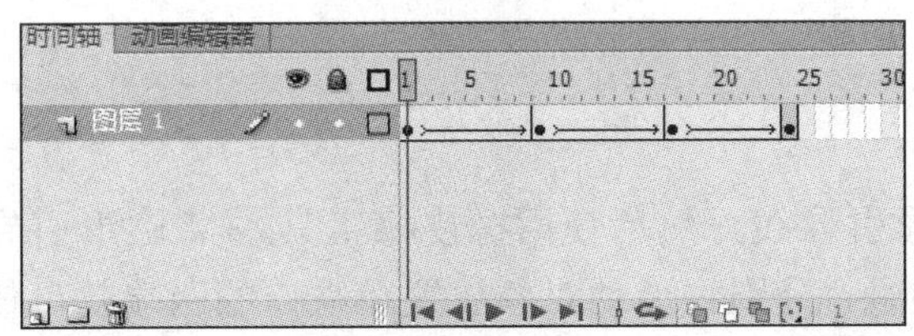

图 6-3-8　修改图层

制作眩光彩球

05 在【文字】图层上右击，在弹出的快捷菜单中选择【遮罩层】命令，创建遮罩层，【彩球】图层变成了被遮罩层。

小提示

遮罩层的图形设置为任何颜色，都不会在最后的动画中显示，但是反过来，将原动画中的图层位置在该动画中调换，即可显示图层颜色，即类似于彩球效果。

5. 保存、预览并发布动画

（1）保存文件

选择【文件】/【保存】命令，或按 Ctrl+S 组合键，打开【另存为】对话框，选择保存位置，在【文件名】下拉列表框中输入文件名称“探照灯文字”，最后单击【保存】按钮即可完成 Flash 文件的保存。

（2）预览动画

选择【控制】/【测试影片】/【测试】命令，或按 Ctrl+ Enter 组合键，Flash CS6 会调用播放器来测试整个影片，起到预览的作用。

（3）发布动画

选择【文件】/【发布设置】命令，或按 Ctrl+Shift+F12 组合键，打开【发布设置】对话框，发布的类型可以选择 Flash、HTML 包装器、GIF 图像、JPEG 图像、PNG 图像等。

任务小结

本任务通过一个动画效果的制作，使学生认识了 Flash CS6 中遮罩层的使用方法；通过 Flash 中遮罩层的创建，使学生熟练了使用遮罩创建动画实现探照灯遮罩动画的制作。

拓 展 知 识

1. 如何使用引导动画实现运动轨迹交叉

同一组引导动画中的引导线是不允许交叉的，如果运动轨迹不可避免地需要交叉，则可分为多个引导层组来实现。具体操作为根据交叉情况分成多个引导层组，分别绘制不交叉的引导线并创建相应的运动动画。

2. 如何实现圆形轨迹的引导动画

要实现这种效果，可以先绘制圆形引导线，然后使用橡皮擦工具将圆形引导线擦出一个小小的缺口，在创建运动动画效果时，分别将运动对象放置在缺口的两端就可使运动对象进行圆形轨迹运动。

3. 如何在遮罩动画中显示遮罩形状

例如，在创建放大镜动画效果时，放大镜需要同时显示出来，这时可以先制作放大镜移动的动画效果，以及放大显示的背景图，然后复制放大镜移动层并作为遮罩层，将原始放大镜移动层及放大背景图层作为被遮罩层，最底层放置原始背景图层即可。

课后练习

利用本项目所学的知识，制作花瓣飘落的动画。花瓣飘落的最终效果如下面题图所示。

题图　花瓣飘落动画效果

有声动画的制作

Flash 动画不同于传统的动画，它不仅可以使用文字、图像等元素，而且还能够整合声音和视频等多媒体元素，其中，声音可以烘托动画的表现气氛，调动观看者的情绪，配合视频文件的使用，使得动画更加引人入胜。

知识目标

1. 了解 Flash 支持的声音与视频的格式与特点。
2. 知道导入、添加声音与视频的方法。
3. 知道在 Flash 中设置声音与视频的方法。

技能目标

1. 导入声音并设置，制作游戏片头动画。
2. 导入视频并设置，制作电子相册动画。

任务 7.1 制作游戏片头有声动画

任务描述

对于 Flash 动画，声音是不可缺少的重要元素，如 Flash 游戏、Flash 动画片等都需要添加声音，此外 Flash 中的一些动态按钮也可以添加生动的音效，从而具有更强的互动性。

本任务将制作一个有声的游戏片头动画——为游戏片头动画添加背景音乐，增强游戏的吸引力，同时为片头中的 PLAY 按钮添加音效，增强互动性。游戏片头的最终效果如图 7-1-1 所示。

观看“游戏片头动画效果”视频，可扫描下面的二维码。

(a)

(b)

图 7-1-1 游戏片头的最终效果

游戏片头动画效果

知识准备

7.1.1 Flash CS6 中的声音

Flash CS6 中的声音分为事件声音和音频流两种。事件声音必须在动画全部下载完后才可以播放，如果没有明确的停止命令，它将一直连续播放。因此，此类声音常用来设置单击按钮时的音效或者表现动画中某些短暂动画的音效。音频流在前几帧下载了足够的数据后就开始播放，和时间轴同步可以使其更好地在网站上播放，而且可以边看边下载，因此此类声音较多应用于动画的背景音乐。

7.1.2 Flash CS6 支持的声音类型

Flash CS6 中可以使用的声音类型比较多，一般情况下可以直接导入的主要有 MP3 格式和 WAV 格式的音频文件，如果系统安装了 QuickTime 4 或更高版本，还可以导入 AIFF、Sun AU 等附加的声音文件格式。

1）WAV 格式：可以直接保存对声音波形的取样数据，数据没有经过压缩，所以音质较好，但文件量通常比较大，会占用较大的磁盘空间。

2）MP3 格式：一种压缩的声音文件格式。同 WAV 格式相比，MP3 格式的文件体积只占 WAV 格式的十分之一。优点为体积小、传输方便、声音质量较好，已经被广泛应用到计算机音乐中。为了提高速度，一般在网络上播放的影片常常使用 MP3 格式的文件。

7.1.3 将声音文件导入 Flash CS6

一般可将外部的声音文件先导入库面板中。选择【文件】/【导入】/【导入到库】命令，在打开的【导入到库】对话框中选择要导入的声音文件，单击【打开】按钮即可完成导入声音的操作，如图 7-1-2 所示。

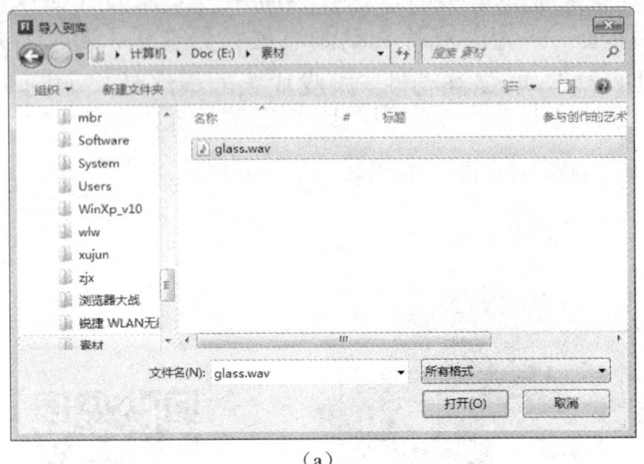

（a）

（b）

图 7-1-2　导入声音

在 Flash CS6 中，除了可以导入声音文件以外，还提供了一个声音公用库面板，其中包含很多声音特效文件。选择【窗口】/【公用库】/【Sounds】命令，可以将该声音公用库打开，如图 7-1-3 所示。

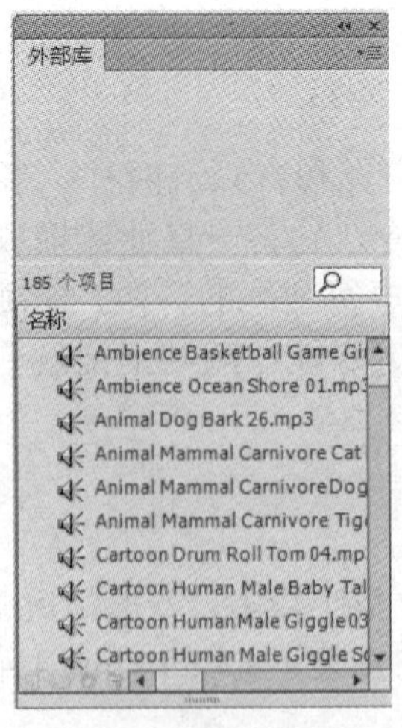

图 7-1-3　声音公用库

7.1.4　为文档或按钮添加声音

声音文件导入后保存在库面板中。一般情况下，在 Flash CS6 中添加声音可以分为对文档添加声音和对按钮添加声音两类。为文档添加声音时，声音文件往往被导入一个单独的图层上；为按钮添加声音时，需要将声音导入具体的状态帧上。

1. 为文档添加声音

在文档中添加声音，一般先为声音文件选择或新建一个图层，然后选择该图层中的帧，再在属性面板“声音”选项组【名称】下拉列表框中选择导入的声音文件，即可完成为文档添加声音的操作，如图 7-1-4 所示。

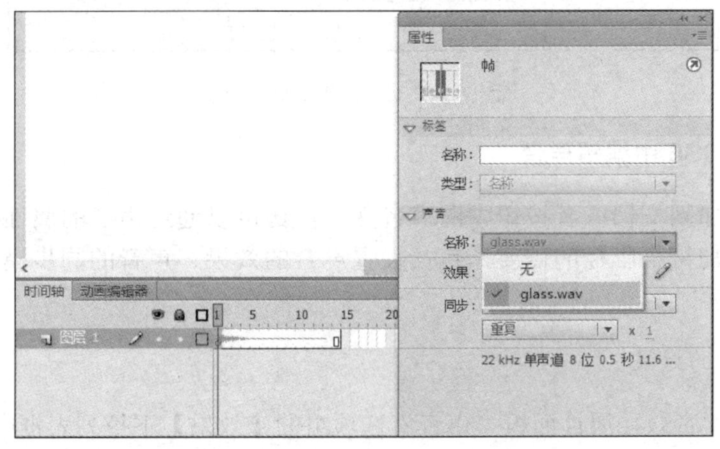

图 7-1-4　为文档添加声音

小提示

1）在一个单独的图层上放置声音，将声音与动画内容分开，便于对动画进行管理。

2）声音必须添加在关键帧或空白关键帧上。

3）如果要在一个动画文档中添加多个声音文件，建议每一个声音都要放置在一个独立的图层上，从而便于管理。

2. 为按钮添加声音

为按钮添加声音时，往往为按钮的不同状态添加不同的声音效果。在按钮的编辑状态下，分别选择各帧，在属性面板“声音”选项组的【名称】下拉列表框中选择相应的声音文件，即可完成为按钮添加声音的操作如图 7-1-5 所示。

声音添加到文档或按钮中后，在时间轴的当前图层中会出现声音的音轨，以波形的形式显示。

声音公用库面板中声音的添加与库面板中声音的添加方法相同。

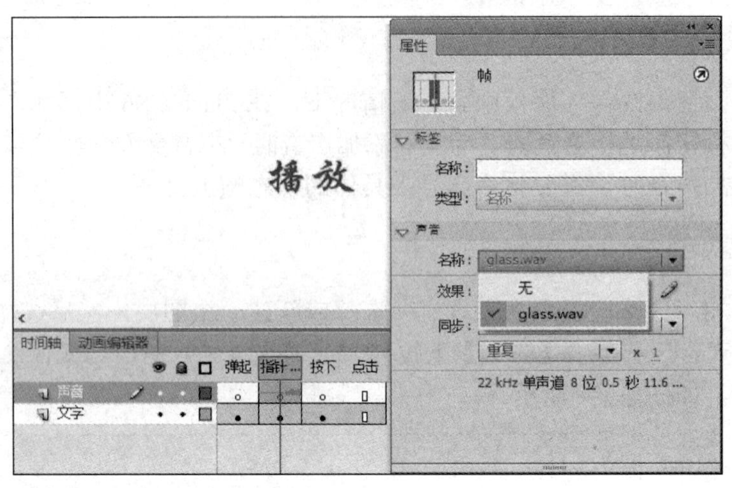

图 7-1-5　为按钮添加声音

7.1.5　在 Flash CS6 中编辑声音

对于已经添加到文档或者按钮中的声音文件，还可以通过声音的属性面板对其进行编辑操作，使其更加符合影片的需要，包括设置声音的效果、声音的同步模式、声音的循环播放等。

1. 设置声音的效果

声音的效果即音效，属性面板“声音”选项组的【效果】下拉列表框中包含 8 个选项，如图 7-1-6 所示。

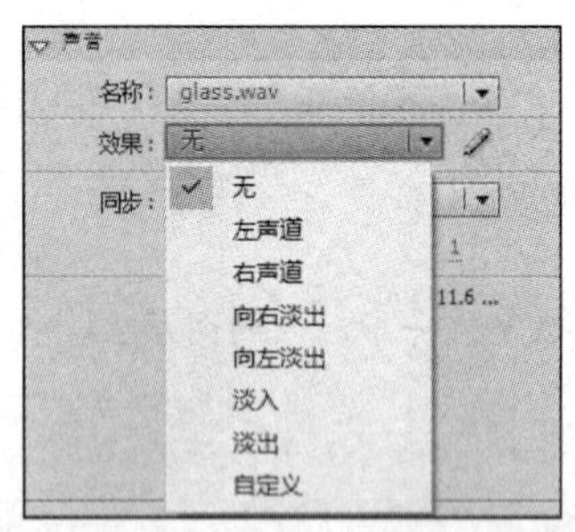

图 7-1-6　设置声音的效果

各选项的含义如下。

1）无：不使用任何效果。

2）左声道：只在左声道播放音频。

3）右声道：只在右声道播放音频。

4）向右淡出：声音从左声道传到右声道，并逐渐减小其幅度。

5）向左淡出：声音从右声道传到左声道，并逐渐减小其幅度。

6）淡入：在声音的持续时间内逐渐增加其幅度。

7）淡出：在声音的持续时间内逐渐减小其幅度。

8）自定义：自己创建声音效果，并利用音频编辑对话框编辑音频。

2. 编辑声音封套

单击属性面板“声音”选项组“效果”下拉列表框右侧的按钮，或在【效果】下拉列表框中选择“自定义”选项，打开【编辑封套】对话框，如图 7-1-7 所示，在其中可以自定义效果。

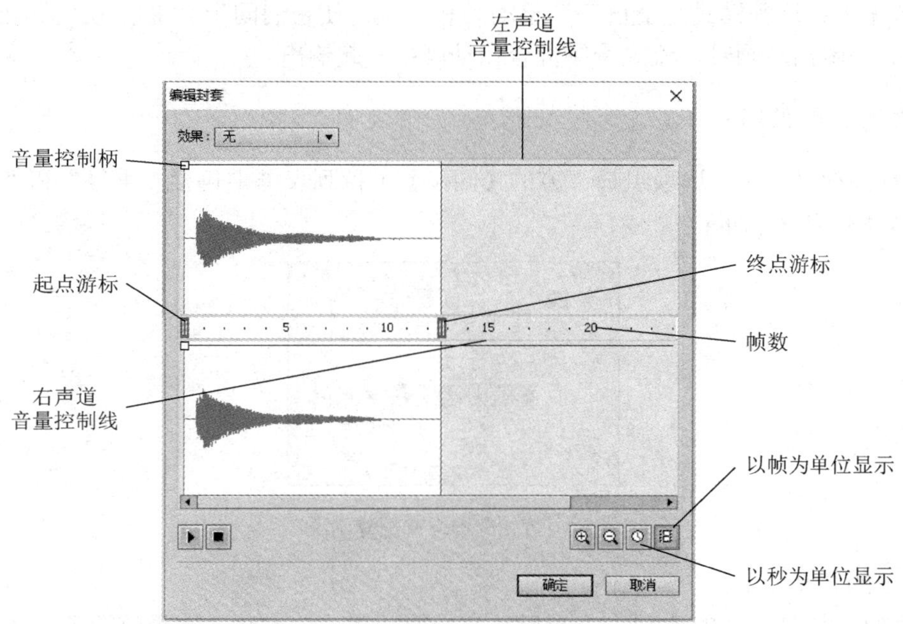

图 7-1-7 编辑声音封套

3. 设置声音的同步模式

属性面板“声音”选项组的【同步】下拉列表框中包含 4 个选项，如图 7-1-8 所示。各选项可以对声音和动画的播放过程进行不同的调整，用户可以根据需要进行选择。

各选项的含义如下。

1）事件：默认的声音同步模式，可以使声音与事件的发生同步开始。当动画播放到声音的开始关键帧时，事件音频开始独立于时间轴播放，即使动画停止，声音也会继续播放直至完毕。

2）开始：这种模式下，若是在同一个动画中除了这个声音文件外还添加了其他声音文件，到了该声音开始播放的帧时，如果有其他的声音正在播放，则会自动取消该声音的播放；如果没有其他的声音在播放，该声音才会开始播放。

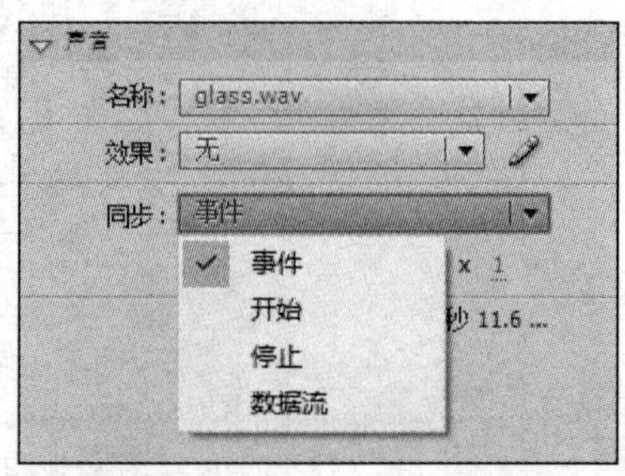

图 7-1-8 设置声音的同步模式

3）停止：这种模式下，当动画播放到该声音的开始帧时，该声音和其他正在播放的所有声音都会停止播放。

4）数据流：这种模式用于自动调整动画和音频，使它们同步，主要用于在网络上播放流式音频。在输出动画时，流式音频混合在动画中一起输出。

4. 设置重复/循环

在属性面板“声音”选项组最下方的【同步】下拉列表框中包括“重复”和“循环”两个选项，如图 7-1-9 所示。

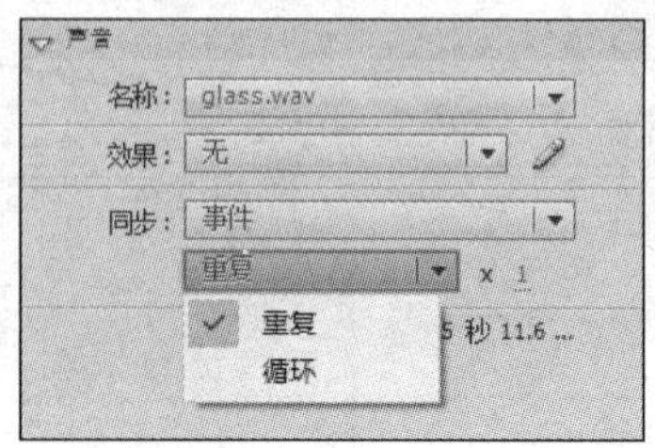

图 7-1-9　设置声音重复/循环

各选项的含义如下。

1）重复：这是默认的选项，用于指定声音循环播放的次数。选择该选项，在其后可设置循环的次数。

2）循环：该选项的作用是设置声音不停地循环播放，常用于对背景音乐的设置。

任务实施

1. 制作背景动画

01 打开素材文件“游戏片头.fla”。

02 选择【插入】/【新建元件】命令，或按 Ctrl+F8 组合键，打开【创建新元件】对话框，输入元件名称“圆”，选择类型为“图形”。在工具面板中选择合适的绘图工具在工作区中绘制图形。利用椭圆工具绘制一个大小与放大镜内径相同的圆形，填充色自定，如图 7-1-10 所示。

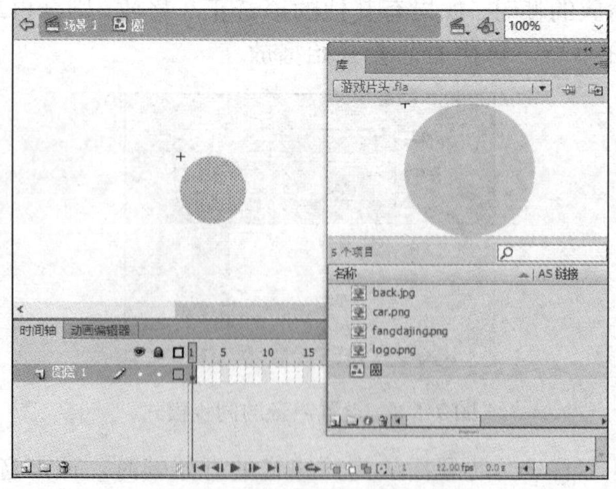

图 7-1-10　新建图形元件“圆”

03 选择【插入】/【新建元件】命令，或按 Ctrl+F8 组合键，打开【创建新元件】对话框，输入元件名称“放大镜效果”，选择类型为“影片剪辑”。在该影片剪辑元件的编辑窗口中，选择“图层 1”的第 1 帧，将图形元件“车”拖入舞台中，如图 7-1-11 所示。

图 7-1-11　拖入图形元件“车”

04 在时间轴下方单击【新建】按钮，新建一个图层，选择“图层 2”的第 1 帧，将图形元件“放大镜”拖入舞台中，调整“放大镜”的中心点至底部，制作旋转动画，如图 7-1-12 所示。

图 7-1-12　制作放大镜旋转动画

05 在时间轴下方单击【新建】按钮，在“图层 1”的上方新建图层，选择“图层 3”的第 1 帧，将图形元件“圆”拖入舞台中，与放大镜内圆对齐，如图 7-1-13 所示。

06 在“图层 3”中，制作“圆”随着“放大镜”移动的动画，如图 7-1-14 所示。

图 7-1-13　拖入图形元件“圆”

（a）

（b）

（c）

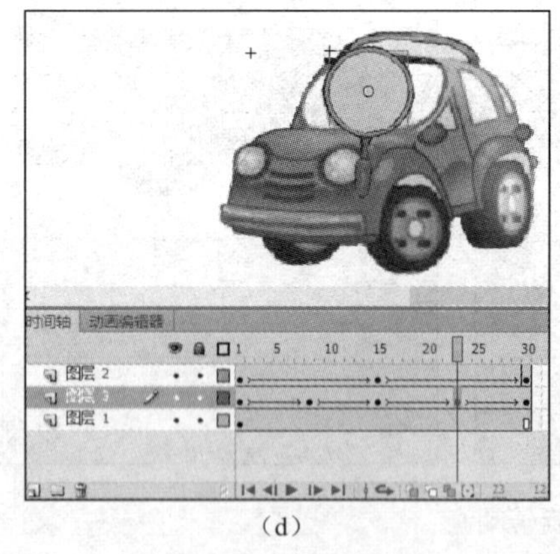

（d）

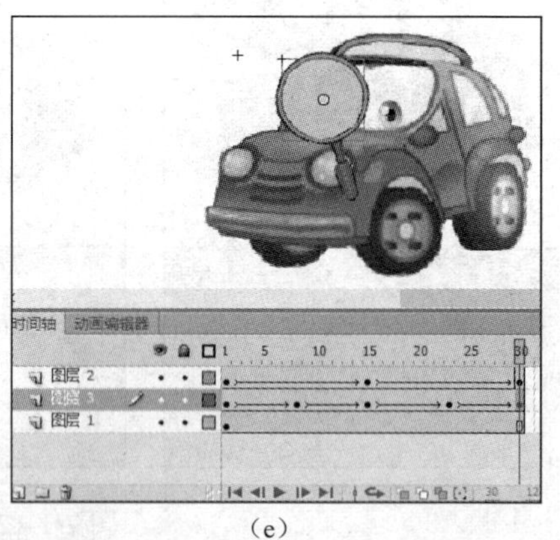

（e）

图 7-1-14　“圆”随着“放大镜”移动的动画

07 利用“图层 1”和“图层 3”制作遮罩动画，如图 7-1-15 所示。

08 单击舞台窗口左上方的“场景 1”图标，切换至“场景 1”的舞台窗口，在时间轴下方单击【新建】按钮，新建一个图层，将图层命名为“car”，选择该图层的第 1 帧，将图形元件“车”拖入舞台中。

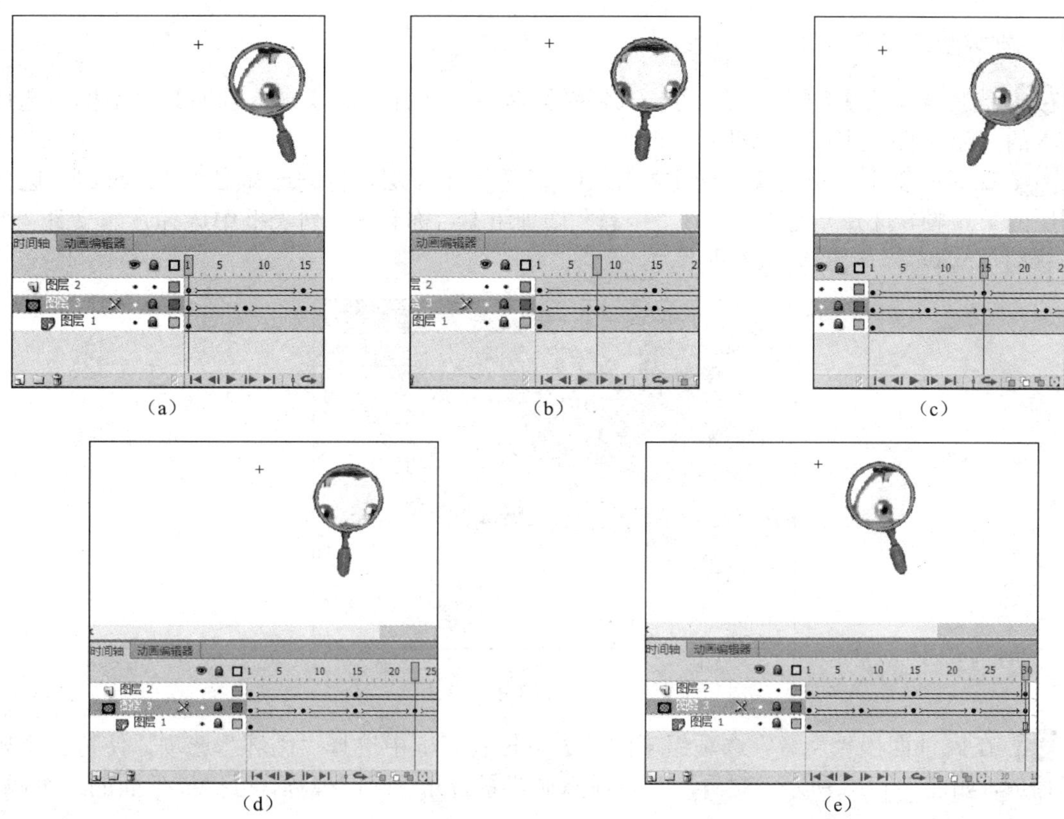

(a)　(b)　(c)　(d)　(e)

图 7-1-15　遮罩动画

09 在时间轴下方单击【新建】按钮，新建一个图层，将图层命名为“zhezhao”，选择该图层的第 1 帧，将影片剪辑元件“放大镜效果”拖入舞台中，如图 7-1-16 所示。观看“制作背景动画”操作视频，可扫描下面的二维码。

图 7-1-16　拖入“车”和“放大镜”

制作背景动画

2. 为动画添加背景音乐

01 选择【文件】/【导入】/【导入到库】命令，在打开的【导入到库】对话框中选择要导入的音乐文件“小汽车总动员.wav”。

02 在时间轴下方单击【新建】按钮，新建一个图层，将图层命名为“music”，选择该图层的第 1 帧，打开属性面板，在“声音”选项组【名称】下拉列表框中选择音乐文件“小汽车总动员.wav”，如图 7-1-17 所示。

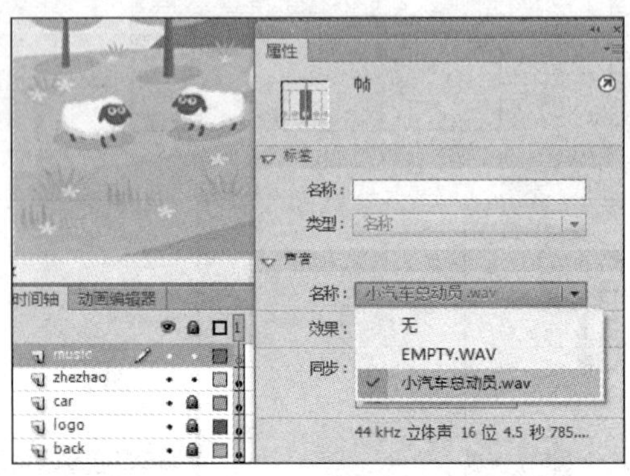

图 7-1-17　添加背景音乐

03 在属性面板“声音”选项组【同步】下拉列表框中选择“循环”选项，使背景音乐一直播放，如图 7-1-18 所示。观看“为动画添加背景音乐”操作视频，可扫描下面的二维码。

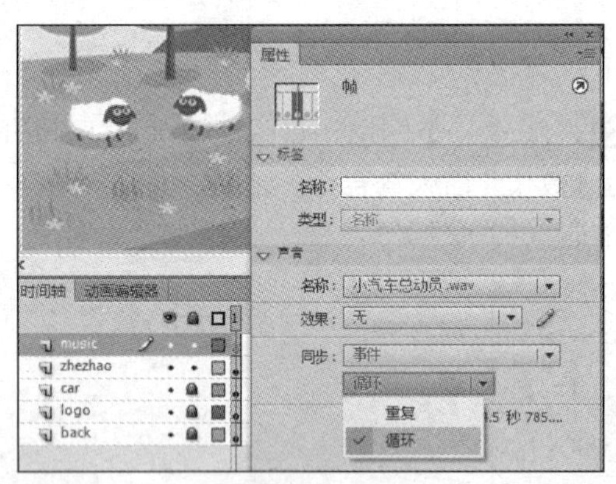

图 7-1-18　设置背景音乐

为动画添加背景音乐

3. 为按钮添加音效

01 选择【插入】/【新建元件】命令，或按 Ctrl+F8 组合键，打开【创建新元件】对话框，输入元件名称“按钮”，选择类型为“按钮”。利用矩形工具、文本工具制作按钮，如图 7-1-19 所示。

02 选择【文件】/【导入】/【导入到库】命令，在打开的【导入到库】对话框中选择要导入的音乐文件“EMPTY.WAV”。

03 在“按钮”元件的编辑窗口中，选择“按下”状态的关键帧，在属性面板“声音”

选项组【名称】下拉列表框中选择音乐文件“EMPTY.WAV”，如图 7-1-20 所示。

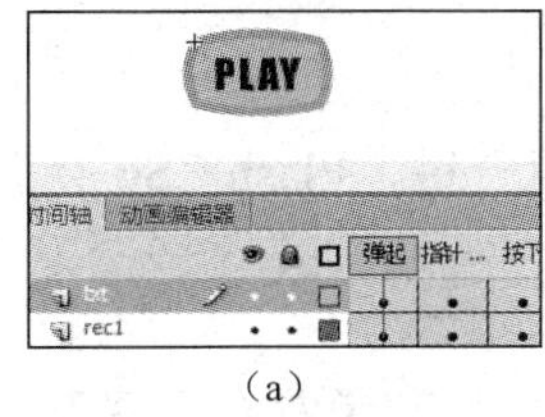
（a）

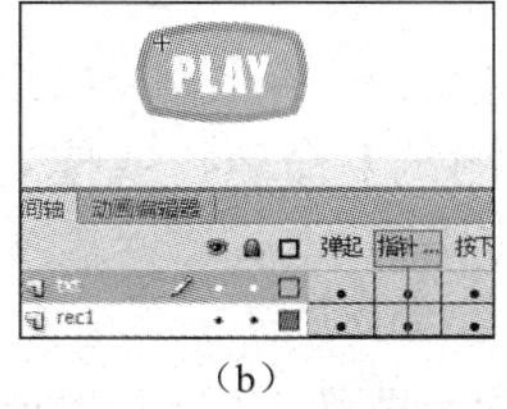
（b）

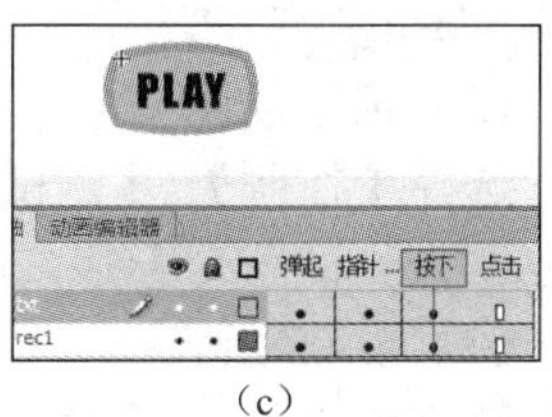
（c）

图 7-1-19　按钮元件“按钮”

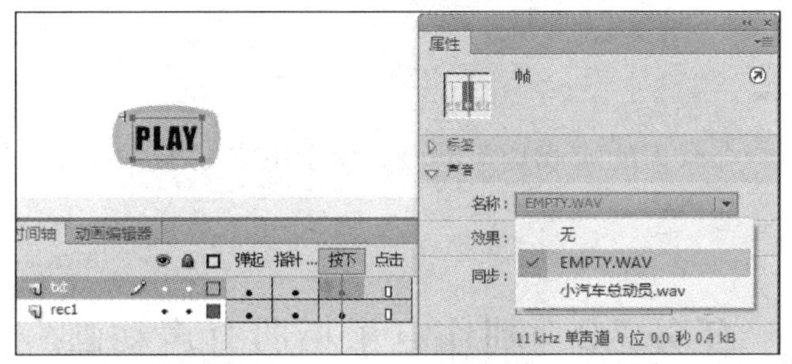

图 7-1-20　为按钮添加音效

04 单击舞台窗口左上方的“场景 1”图标，切换至“场景 1”的舞台窗口，在时间轴下方单击【新建】按钮，新建一个图层，将图层命名为“anniu”，选择该图层的第 1 帧，将按钮元件“按钮”拖入舞台中，如图 7-1-21 所示。观看“为按钮添加音效”操作视频，可扫描下面的二维码。

图 7-1-21　拖入“按钮”

为按钮添加音效

4. 保存、预览并发布动画

（1）保存文件

选择【文件】/【保存】命令，或按 Ctrl+S 组合键，打开【另存为】对话框，选择保存位置，在【文件名】下拉列表框中输入文件名称“游戏片头”，最后单击【保存】按钮即可完成 Flash 文件的保存。

（2）预览动画

选择【控制】/【测试影片】/【测试】命令，或按 Ctrl+Enter 组合键，Flash CS6 会调用播放器来测试整个影片，起到预览的作用。

（3）发布动画

选择【文件】/【发布设置】命令，或按 Ctrl+Shift+F12 组合键，打开【发布设置】对话框，发布的类型可以选择 Flash、HTML 包装器、GIF 图像、JPEG 图像、PNG 图像等。

任务小结

本任务通过制作一个有声的游戏片头动画，使学生掌握了声音导入的方法，以及如何根据需要为文档和按钮添加声音、设置声音。

任务 7.2 制作电子相册有声动画

任务描述

视频是多媒体的要素之一，在制作 Flash 动画时可以导入视频素材。在 Flash 中使用视频的时候可以进行裁剪等操作，还可以控制播放进程，但是不能修改视频中的具体内容。

本任务将一个外部 FLV 视频以“在 SWF 中嵌入外部视频并在时间轴中播放”的方式导入 Flash CS6 中，制作一个完整的电子相册。电子相册的最终效果如图 7-2-1 所示。

观看“电子相册动画效果”视频，可扫描下面的二维码。

(a)

(b)

图 7-2-1 电子相册的最终效果

电子相册动画效果

知识准备

1. Flash CS6 支持的视频格式

Flash CS6 支持的视频文件的种类很多，如果用户系统安装了 QuickTime 4（或更高版本）

或 DirectX 7（或更高版本）插件，则可以导入 AVI、MPEG/MPG、MOV、WMV、ASF 等格式的视频文件。

但是导入方式的不同，Flash CS6 所支持的视频格式也略有不同。如果是通过链接外部视频文件的方式来播放视频，那么支持的视频格式比较多，包括 FLV、F4V（H.264）、MP4、MOV 和 3GP 等格式；如果是将视频文件导入 Flash 文件内播放，那么只支持 FLV、F4V 视频格式。

在有些情况下，Flash 可能只能导入文件中的视频，而无法导入音频。例如，系统不支持用 QuickTime 4 导入的 MPG/MPEG 文件中的音频。在这种情况下，Flash 会显示警告信息，指明无法导入该文件的音频部分，但是仍然可以导入没有声音的视频。

2. 视频文件导入 Flash CS6

选择【文件】/【导入】/【导入视频】命令，打开【导入视频】对话框，如图 7-2-2 所示。

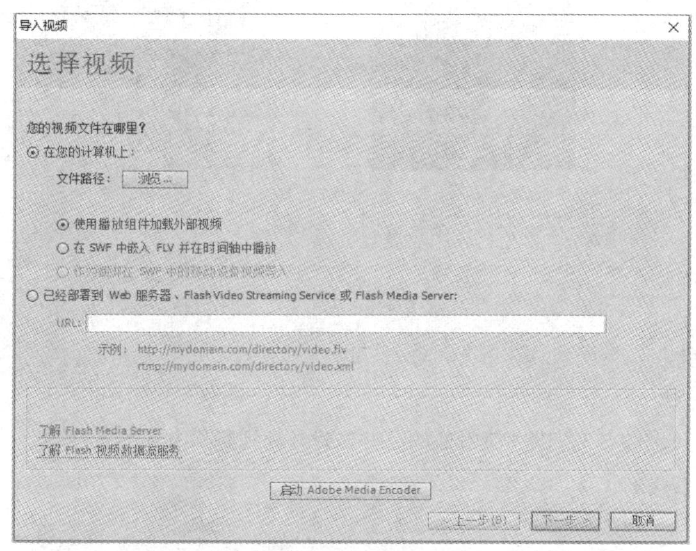

图 7-2-2　导入视频

1）“在您的计算机上”：选择该选项，可以通过单击右侧的【浏览】按钮，在打开的【打开】对话框中选择本地计算机上的视频文件，之后选择放置视频的方式。

① “使用播放组件加载外部视频”：通过 FLVPlayback 组件来播放外部的视频文件，在网络上播放视频时，需要将 SWF 文件与视频文件一起上传到服务器。

② “在 SWF 中嵌入 FLV 并在时间轴中播放”：将 FLV 嵌入 Flash 文档中，这样导入视频时，该视频放置于时间轴中，可以看到时间轴所表示的各个视频帧的位置。嵌入的 FLV 视频文件成为 Flash 文档的一部分。

小提示

将视频文件直接嵌入 Flash 文件中，会显著增加发布文件的大小，因此尽量导入短的视频文件，否则容易发生音频与视频不同步的现象。

③ “作为捆绑在 SWF 中的移动设备视频导入”：与在 Flash 文档中嵌入视频类似，将视频绑定到 Flash Lite 文档中，用于在移动设备中播放，故这种方式支持移动视频格式，如.3gp 等。

2）“已经部署到 Web 服务器、Flash Video Streaming Service 或 Flash Media Server”：选择该选项，在下方输入 URL，可以直接导入存储在 Web 服务器、Flash Media Server 或 Flash Video Streaming Service 上的视频。

在平时的应用中，主要以选择本地计算机上的视频为主。根据“在您的计算机上”选择的导入视频方式的不同，导入视频时会打开不同的向导对话框，如图 7-2-3 和图 7-2-4 所示，用户可以根据提示完成操作。

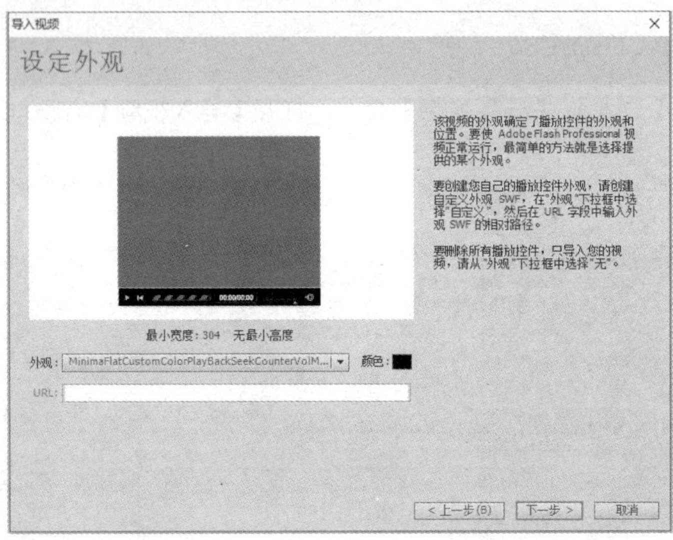

图 7-2-3 以“使用播放组件加载外部视频”方式导入视频

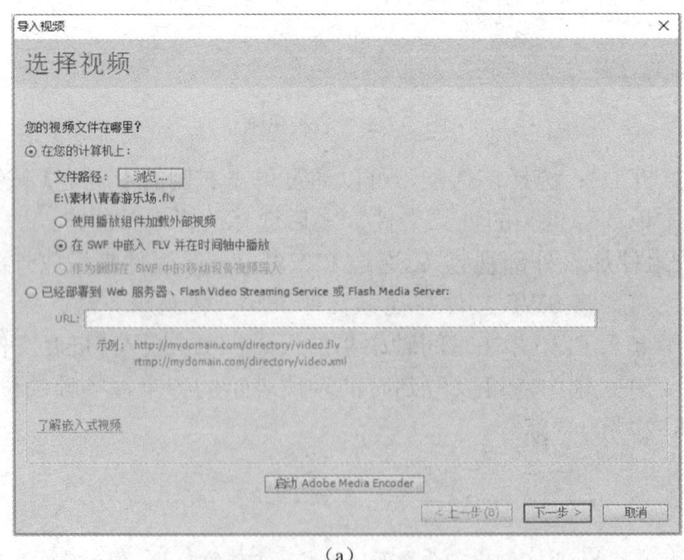

（a）

图 7-2-4 以“在 SWF 中嵌入 FLV 并在时间轴中播放”方式导入视频

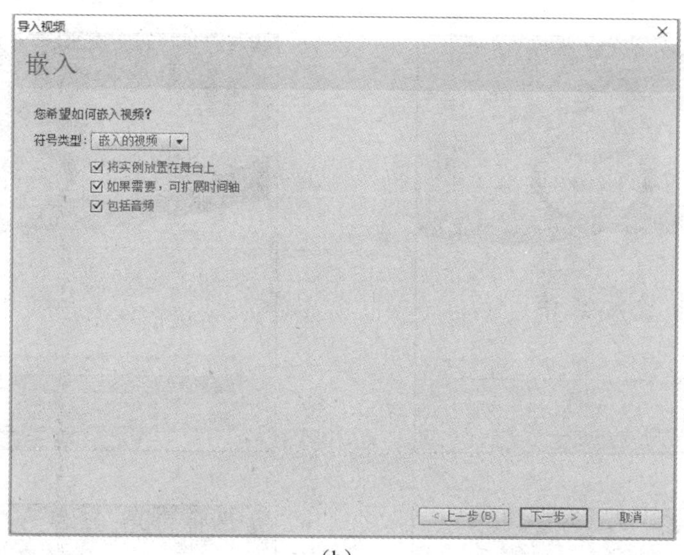

(b)

图 7-2-4　以“在 SWF 中嵌入 FLV 并在时间轴中播放”方式导入视频（续）

任务实施

1．制作前导动画

01 打开素材文件“职专生活点滴.fla”。

02 选择【插入】/【新建元件】命令，或按 Ctrl+F8 组合键，打开【创建新元件】对话框，输入元件名称“文字”，选择类型为“图形”。在工具面板中单击【文本工具】按钮 T，将鼠标指针移动至舞台合适的位置，单击并输入文字“职专生活点滴”，在属性面板中设置字体、大小及颜色，如图 7-2-5 所示。

03 单击舞台窗口左上方的“场景 1”图标 场景 1，切换至“场景 1”的舞台窗口，将图层 1 命名为“back”，选择该图层第 1 帧，将图片“back.jpg”拖动至舞台中，在第 60 帧处按 F5 键插入普通帧。在时间轴下方单击【新建】按钮，新建一个图层，将图层命名为“txt”，选择该图层的第 1 帧，将图形元件“文字”拖入舞台中，制作文字缩放动画，如图 7-2-6 所示。观看“制作前导动画”操作视频，可扫描下面的二维码。

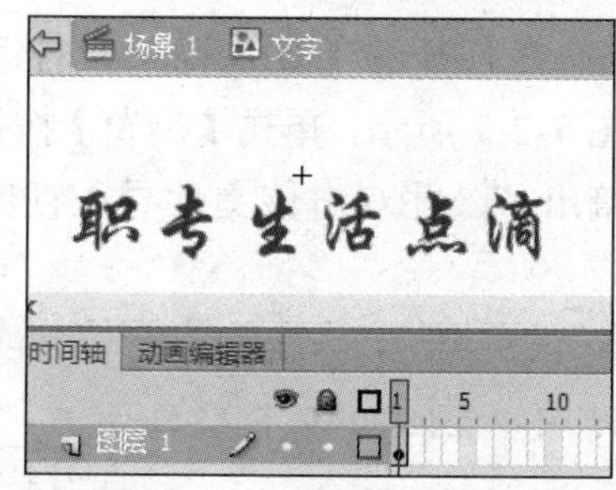

图 7-2-5　图形元件“文字”

制作前导动画

(a)

(b)

(c)

(d)

图 7-2-6 “文字”缩放动画

04 选择【txt】图层和【back】图层，在第 60 帧处按 F5 键插入普通帧。

2. 导入视频

01 在时间轴下方单击【新建】按钮，新建一个图层，将图层命名为“video”，在第 61 帧处按 F6 键插入关键帧。

02 选择【文件】/【导入】/【导入视频】命令，在打开的【导入视频】对话框中选择“在 SWF 中嵌入 FLV 并在时间轴中播放”选项，如图 7-2-7 所示，单击【浏览】按钮，在【打开】对话框中选择要导入的视频文件“职专生活点滴.flv”，并双击该文件导入视频。

小提示

由于已经事先将视频文件转码为.flv 格式的文件，因此可以直接将视频导入 Flash 中，而不必再单击按钮 启动 Adobe Media Encoder 进行转码。

03 在【导入视频】对话框中单击【下一步】按钮，在打开的对话框中采用默认的设置，如图 7-2-8 所示，之后单击【下一步】按钮。

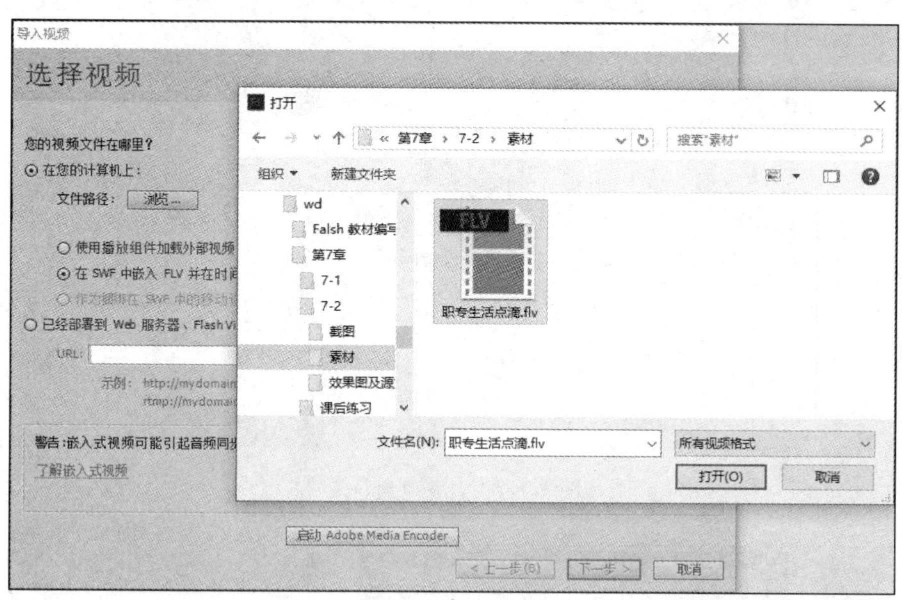

图 7-2-7　导入视频

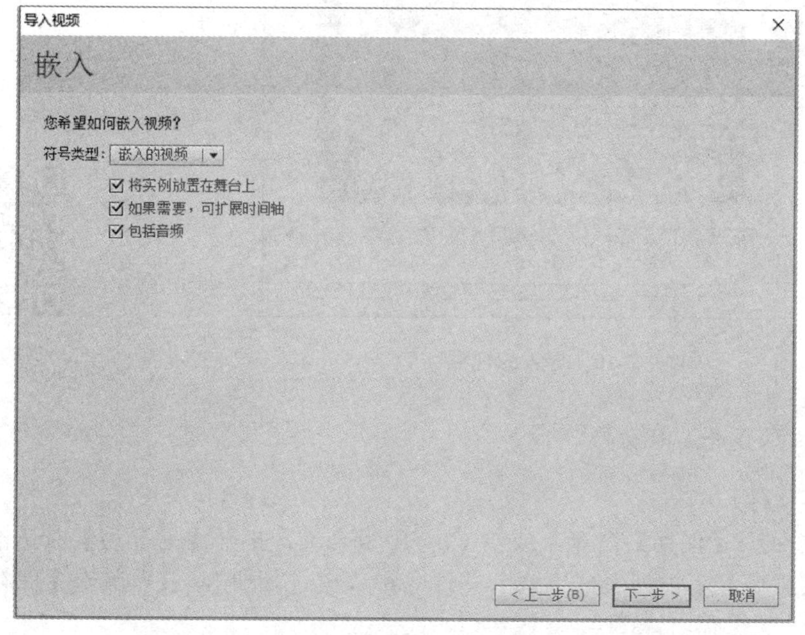

图 7-2-8　设置播放控件的外观

04 在打开的对话框中采用默认设置，如图 7-2-9 所示，单击【完成】按钮，视频就被导入库中，并且显示在【video】图层的第 61 帧，同时延长时间轴长度以适应播放的长度，如图 7-2-10 所示。观看“导入视频”操作视频，可扫描下面的二维码。

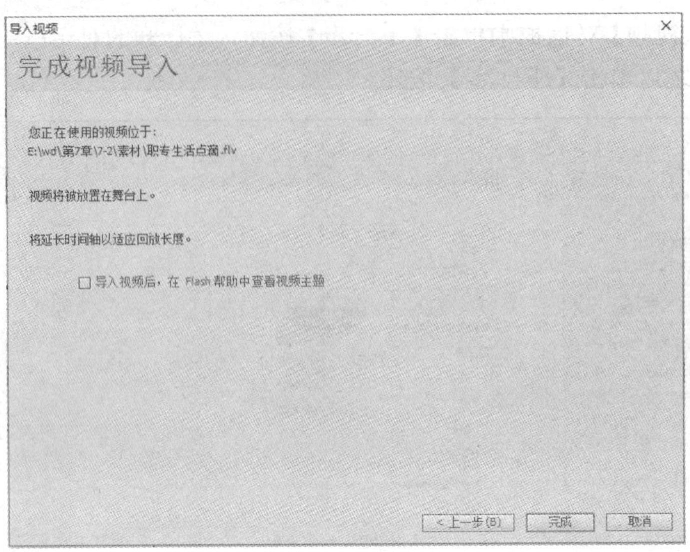

图 7-2-9　完成视频导入

图 7-2-10　导入的视频

导入视频

3. 保存、预览并发布动画

（1）保存文件

选择【文件】/【保存】命令，或按 Ctrl+S 组合键，打开【另存为】对话框，选择保存位置，在【文件名】下拉列表框中输入文件名称“电子相册”，最后单击【保存】按钮即可完成 Flash 文件的保存。

（2）预览动画

选择【控制】/【测试影片】/【测试】命令，或按 Ctrl+Enter 组合键，Flash CS6 会调用播放器来测试整个影片，起到预览的作用。

（3）发布动画

选择【文件】/【发布设置】命令，或按 Ctrl+Shift+F12 组合键，打开【发布设置】对话

框，发布的类型可以选择 Flash、HTML 包装器、GIF 图像、JPEG 图像、PNG 图像等。

任务小结

本任务通过制作一个电子相册，使学生掌握了在 Flash CS6 中嵌入外部视频、在时间轴播放的方法。

拓 展 知 识

1. Adobe Media Encoder

在 Flash CS6 中，导入的视频文件必须是使用 FLV 或 H.264 格式编码的视频，否则就需要使用 Adobe Media Encoder 以适当的格式对视频进行编码。使用 Adobe Media Encoder 还可以进行视频片段的截取。有时在导入视频时单击【启动 Adobe Media Encoder】按钮后会出错，这是因为在安装 Flash CS6 时未安装 Adobe Media Encoder 软件或未激活 Adobe 产品。

2. F4V 与 FLV 的区别

F4V 是 Adobe 公司为了迎接高清时代而推出的继 FLV 格式后支持 H.264 的流媒体格式。它和 FLV 的主要区别在于，FLV 格式采用的是 H263 编码，而 F4V 则支持 H.264 编码的高清晰视频，码率最高可达 50Mbit/s。主流的视频网站如土豆、爱奇艺等都开始使用 H.264 编码的 F4V 文件，在文件大小相同的情况下，F4V 的清晰度明显比 On2 VP6 和 H263 编码的 FLV 要好。

课 后 练 习

1. 打开“激情超越.fla”，为 Banner 动画添加背景音乐，并设置为淡出效果，设置效果如题图 7-1 所示。

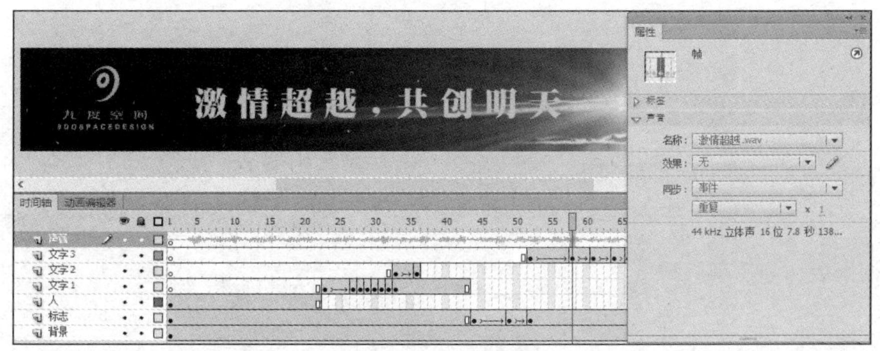

题图 7-1　设置效果

2．打开“篆刻基本刀法.fla”，以“使用播放组件加载外部视频”的方式导入视频并设置，动画播放效果如题图 7-2 所示。

题图 7-2　动画播放效果

Flash 综合案例

本项目是综合设计实训案例，旨在训练学生利用所学知识完成 Flash 设计项目。本项目通过几个动漫设计项目案例的演练，使学生进一步牢固掌握 Flash CS6 的强大操作功能和使用技巧，并应用所学技能制作出专业的动漫设计作品。

知识目标

1. 熟悉 Flash MTV 制作的设计思路及制作方法。
2. 了解 Flash 小游戏的常见类型及制作流程。

技能目标

1. 加强对 Flash 的综合应用能力。
2. 熟悉运用 Flash 制作 MTV 的应用技巧。
3. 掌握制作 Flash 小游戏的方法。

任务 8.1　制作 Flash MTV——小星星

任务描述

本任务选择用《小星星》歌曲作为背景音乐制作动画，然后选择符合音乐风格的素材，使用补间动画结合其他方法完成元件及场景的移动及变化，接着根据音乐歌词添加字幕增加动画效果，最后利用按钮控制动画的播放。Flash MTV 的最终效果如图 8-1-1 所示。

观看“Flash MTV《小星星》动画效果”视频，可扫描下面的二维码。

（a）

（b）

图 8-1-1　Flash MTV 的动画效果

Flash MTV《小星星》动画效果

知识准备

带有 MTV 形式的 Flash 动画是受欢迎的动画类型之一，也是现在网络中非常流行的音乐形式。根据歌曲的内容设计收集多种元素，通过 Flash 将唯美的动画场景、优美的音乐背景和引人入胜的故事综合在一起，能呈现给用户一个色彩缤纷、生动有趣的 MTV 动画。

使用 Flash 制作 MTV 与制作普通动画短片有一定的区别，MTV 注重音乐所要表达的主题思想，整个 MTV 的视觉表现都要符合音乐风格，制作 MTV 一般有以下几个步骤。

1）挑选音乐；

2）创意构思；

3）搜集素材；

4）制作动画。

任务实施

1. 制作片头

01 启动 Flash CS6，选择【文件】/【新建】命令或按 Ctrl+N 组合键，或在欢迎界面的“新建”栏中进行选择，新建 Flash 文件。

02 修改文档的尺寸为 550 像素×400 像素，设置帧频为 12 帧（fps），背景颜色为橙色（#FF6600）。

03 将“图层 1”重命名为“矩形”。在工具面板中单击【矩形工具】按钮，设置笔触颜色为白色，笔触大小为“5.00”；填充颜色为黄色（#FFFF99）；设置矩形边角半径为“10.00”，在舞台的合适位置绘制矩形。在时间轴下方单击【新建】按钮，再新建一个图层，将图层命名为“装饰”，单击【椭圆工具】按钮绘制装饰部分，如图 8-1-2 所示。

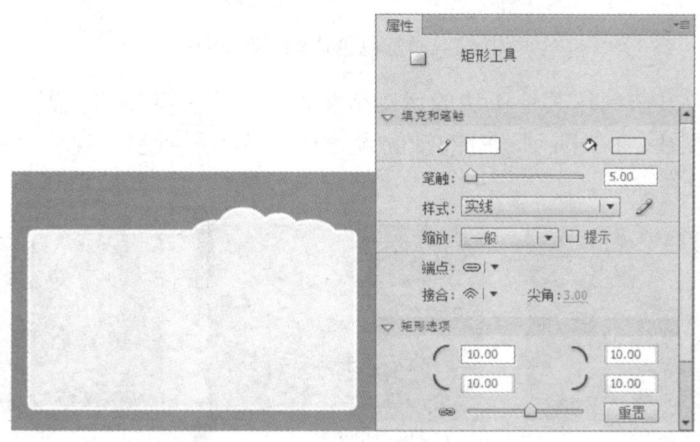

图 8-1-2　绘制圆角矩形

04 选择【插入】/【新建元件】命令，或按 Ctrl+F8 组合键，打开【创建新元件】对话框，输入元件名称“蓝色色块”，选择类型为“图形”。在工具面板中选择合适的绘图工具在工作区中绘制图形，如图 8-1-3 所示。用同样的方法绘制“咖啡色块”“绿色色块”“黄色色块”“紫色色块”等图形元件。

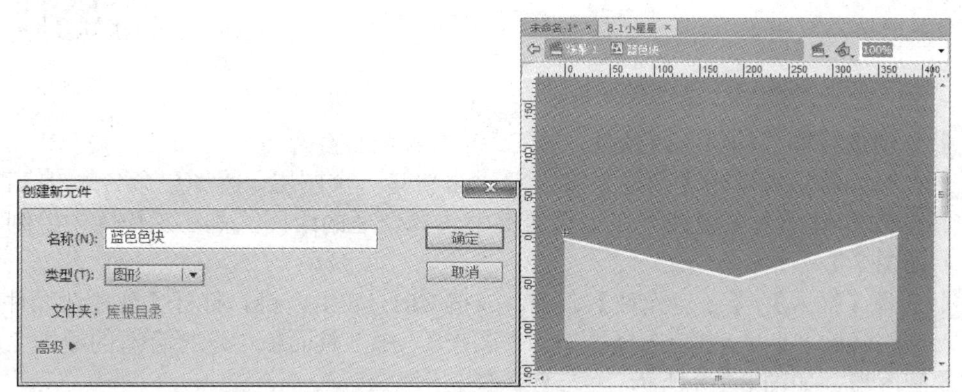

图 8-1-3　绘制图形元件

05 在时间轴下方单击【新建】按钮，再新建一个图层，将图层命名为“蓝色色块”。在第 14 帧处按 F6 键插入关键帧，将库面板中的【蓝色色块】图形元件拖至舞台，调整元件的大小及位置。将时间指针调整至第 32 帧处，按 F6 键插入关键帧，再次调整元件的位置。右击【蓝色色块】图层的第 14 帧，在弹出的快捷菜单中选择【创建传统补间】命令，完成传统补间动画的创建，制作出色块由上至下的运动效果，如图 8-1-4 所示。

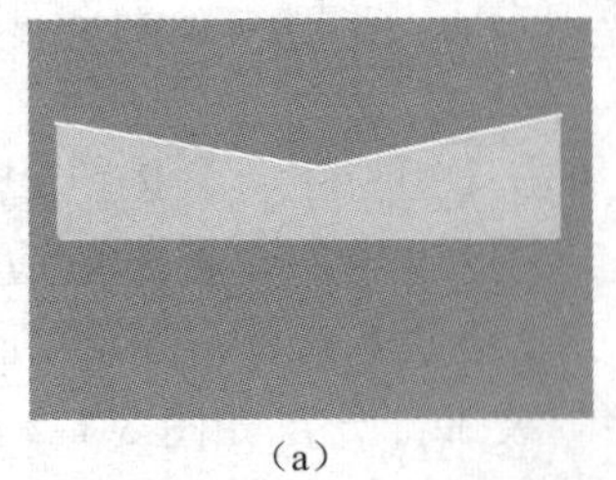
（a）

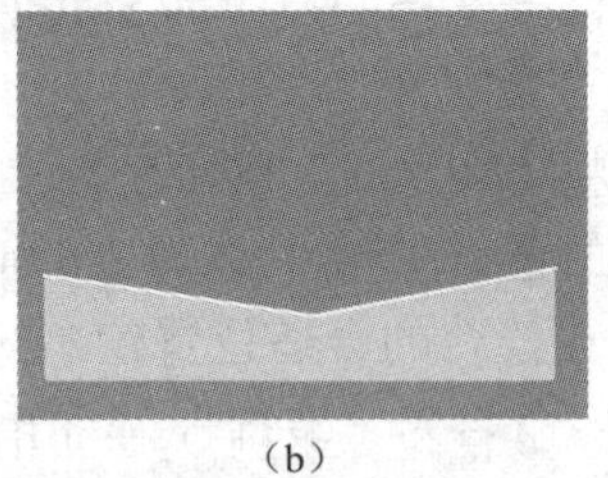
（b）

图 8-1-4　蓝色色块的运动效果

06 用同样的方法制作其他色块的运动效果，并调整关键帧的位置，制作出色块依次出现的运动效果，如图 8-1-5 所示。时间轴的设置如图 8-1-6 所示。观看“背景制作”操作视频，可扫描下面的二维码。

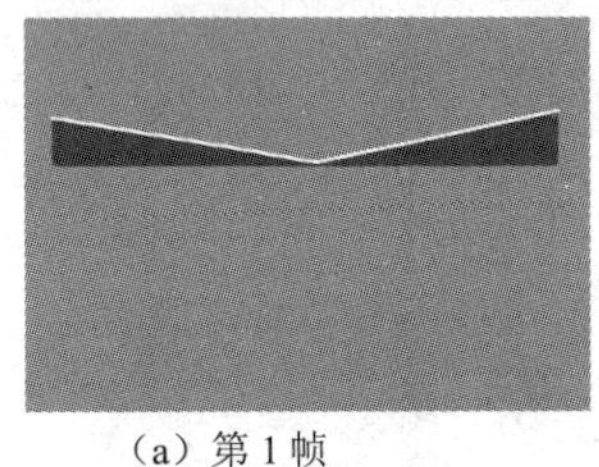

（a）第 1 帧

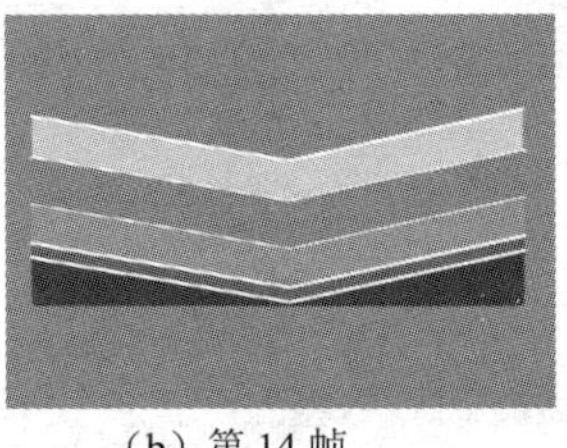
（b）第 14 帧

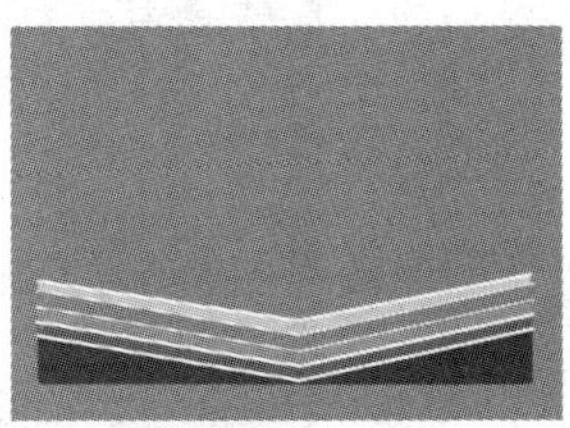
（c）第 32 帧

图 8-1-5　其他色块的运动效果

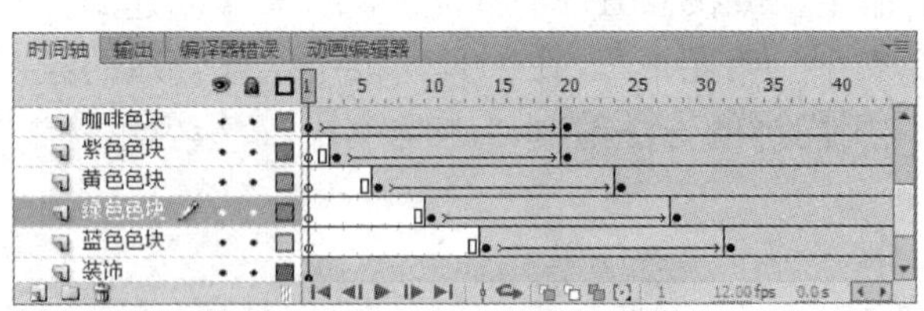

图 8-1-6　色块运动的时间轴

背景制作

07 分别选择图层的第 180 帧处，按 F5 键插入普通帧。

08 在时间轴下方单击【新建】按钮，再新建一个图层，将图层命名为“音符”。在第 34 帧处按 F6 键插入关键帧。在工具面板中选择合适的绘图工具在工作区中绘制各种音乐符号，如图 8-1-7 所示。

09 选择【插入】/【新建元件】命令，或按 Ctrl+F8 组合键，打开【创建新元件】对话框，输入元件名称“小歌手”，选择类型为“图形”。在工具面板中选择合适的绘图工具在工作区中绘制图形，如图 8-1-8 所示。

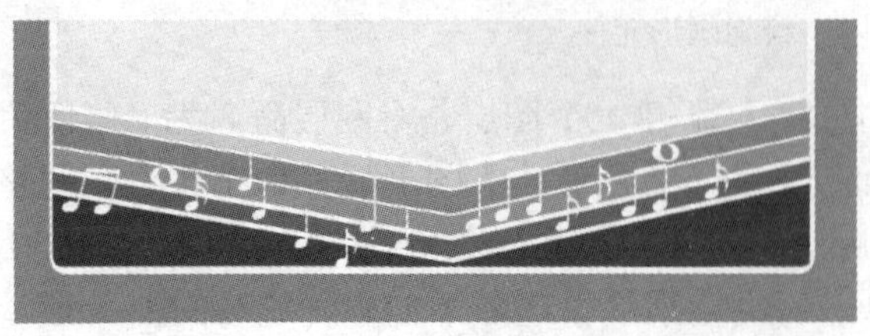
图 8-1-7　绘制音符

图 8-1-8　绘制“小歌手”角色

10 选择【插入】/【新建元件】命令，或按 Ctrl+F8 组合键，打开【创建新元件】对话框，输入元件名称“小歌手摆动”，选择类型为“影片剪辑”，制作小歌手左右摆动的运动效果，如图 8-1-9 所示。

11 在时间轴下方单击【新建】按钮，再新建一个图层，将图层命名为“小歌手”。在第 34 帧处按 F6 键插入关键帧。将库面板中的“小歌手摆动”影片剪辑元件拖动至舞台，调整元件的大小及位置，将时间指针调整至第 55 帧处，按 F6 键插入关键帧。调整第 34 帧的元件属性，在“色彩效果”选项中设置其 Alpha 值为“0%”，如图 8-1-10 所示。右击【小歌手】图层的第 34 帧，在弹出的快捷菜单中选择【创建传统补间】命令，生成传统补间动画，制作“小歌手”逐渐淡入的效果，如图 8-1-11 所示。

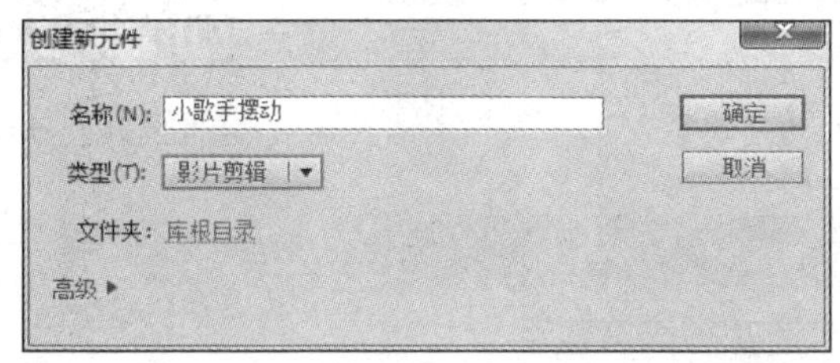

图 8-1-9　创建影片剪辑元件“小歌手摆动”

图 8-1-10　调整元件的属性

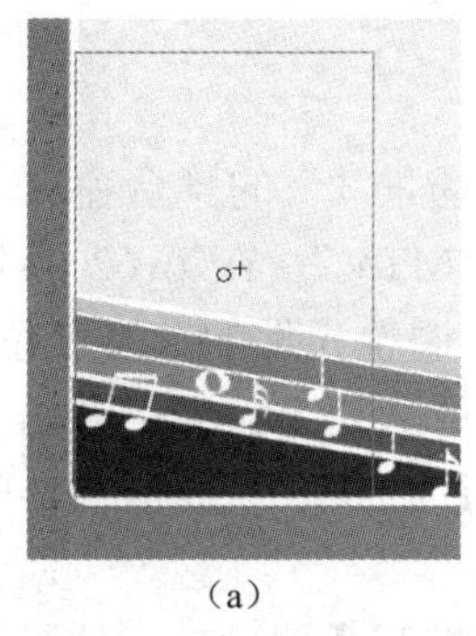

(a)

(b)

(c)

图 8-1-11　“小歌手”逐渐淡入的效果

12 选择【插入】/【新建元件】命令，或按 Ctrl+F8 组合键，打开【创建新元件】对话框，分别创建“M”“T”“V”三个图形元件，并输入相应的文字。再次按 Ctrl+F8 组合键，打开【创建新元件】对话框，输入元件名称“MTV”，选择类型为“影片剪辑”。分别创建图层“底”“M”“T”“V”，在【底】图层，绘制云状图形，将“M”“T”“V”图形元件分别拖至各相应的图层中，制作补间动作。动画效果如图 8-1-12 所示。观看“影片剪辑的绘制”和“元件的补间动画”操作视频，可扫描下面的二维码。

13 在“MTV”影片剪辑元件的时间轴下方单击【新建】按钮，再新建一个图层，将图层命名为“动作脚本”。在【动作脚本】图层的第 35 帧处按 F6 键插入关键帧，右击第 35 帧，在弹出的快捷菜单中选择【动作】命令，在打开的【动作】对话框中选择【全局函数】/【时间轴控制】/【stop】命令，控制影片剪辑元件的播放。时间轴的设置如图 8-1-13 所示。

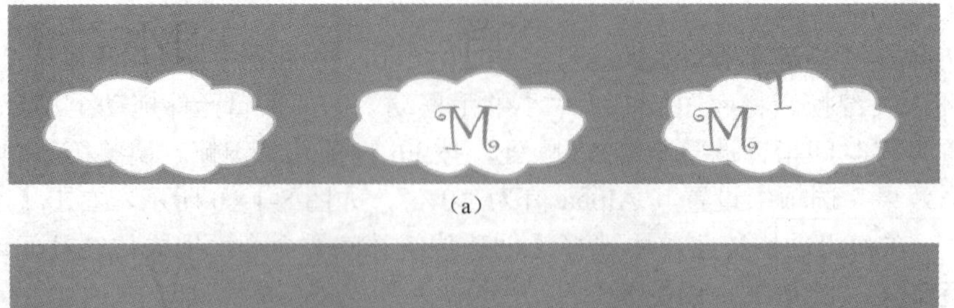

（a）

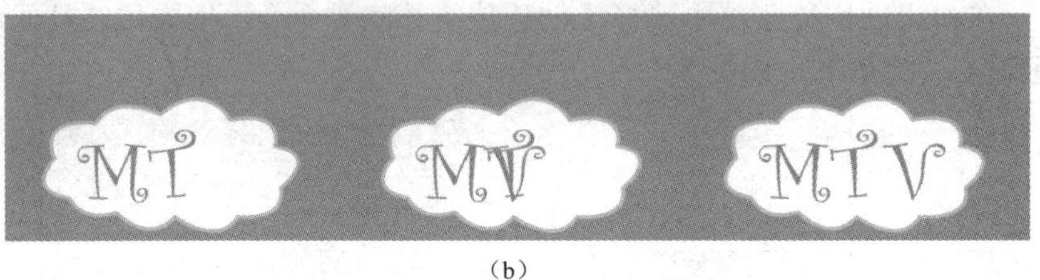

（b）

图 8-1-12 “MTV”影片剪辑元件动画效果

影片剪辑的绘制

元件的补间动画

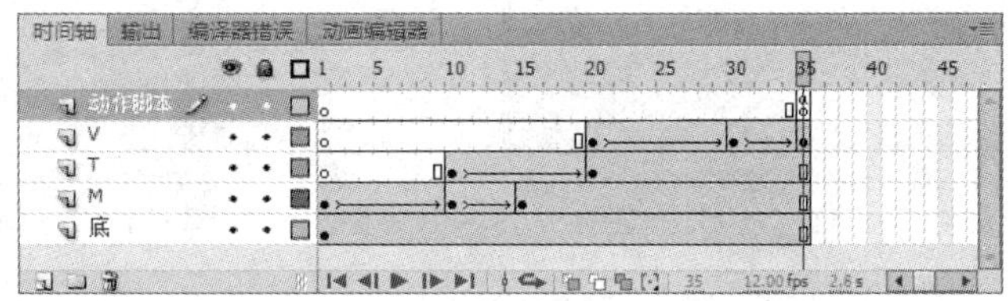

图 8-1-13 “MTV”影片剪辑元件时间轴

14 单击舞台窗口左上方的“场景 1”图标，切换至“场景 1”的舞台窗口，在时间轴下方单击【新建】按钮，新建一个图层，将图层命名为“MTV”。在第 62 帧处按 F6 键插入关键帧。将库面板中的“MTV”影片剪辑元件拖至舞台，调整元件的大小及位置，将时间指针调整至第 80 帧处，按 F6 键插入关键帧。再次调整元件的大小及位置。右击【小歌手】图层的第 62 帧，在弹出的快捷菜单中选择【创建传统补间】命令，生成传统补间动画，制作“MTV”元件由大变小的动画效果。

15 选择【插入】/【新建元件】命令，或按 Ctrl+F8 组合键，打开【创建新元件】对话框，分别创建“小”“星”两个图形元件，并分别绘制图形元件。再次按 Ctrl+F8 组合键，打开【创建新元件】对话框，输入元件名称“小星星”，类型为“影片剪辑”。分别创建图层“小”“星”“星”，将“小”“星”“星”图形元件分别拖至各相应的图层中，制作补间动画。动画效果如图 8-1-14 所示。

16 在“小星星”影片剪辑元件的时间轴下方单击【新建】按钮，再新建一个图层，将图层命名为“动作脚本”。在【动作脚本】图层的第 45 帧处按 F6 键插入关键帧，右击第 45 帧，在弹出的快捷菜单中选择【动作】命令，在打开的【动作】对话框中选择【全局函数】/【时间轴控制】/【stop】命令，控制影片剪辑元件的播放。时间轴的设置如图 8-1-15 所示。

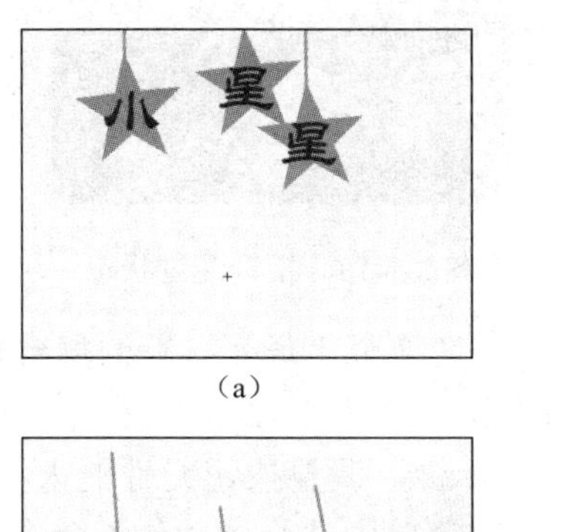

（a）

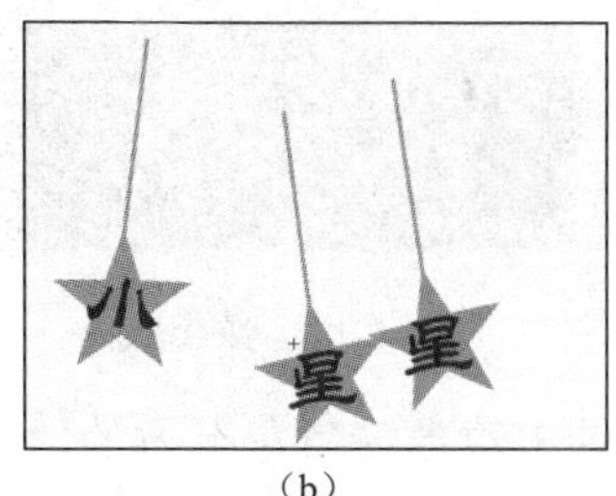

（b）

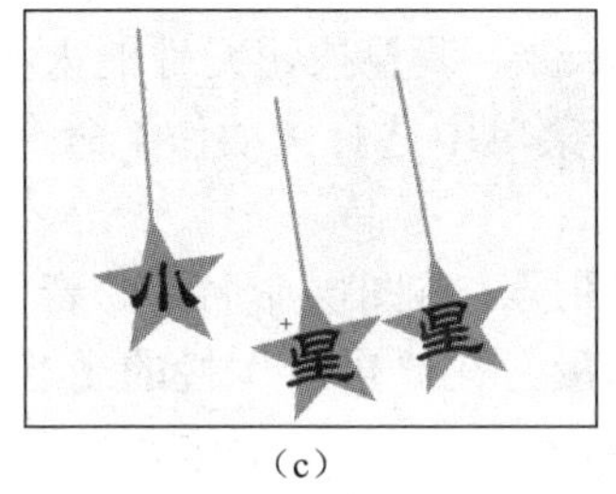

（c）

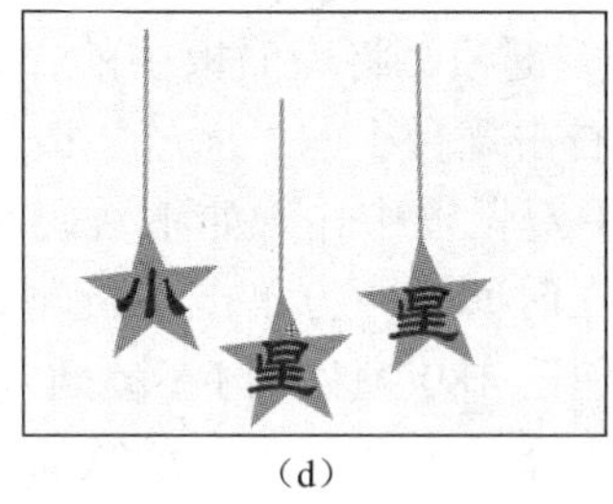

（d）

图 8-1-14　“小星星”影片剪辑元件动画效果

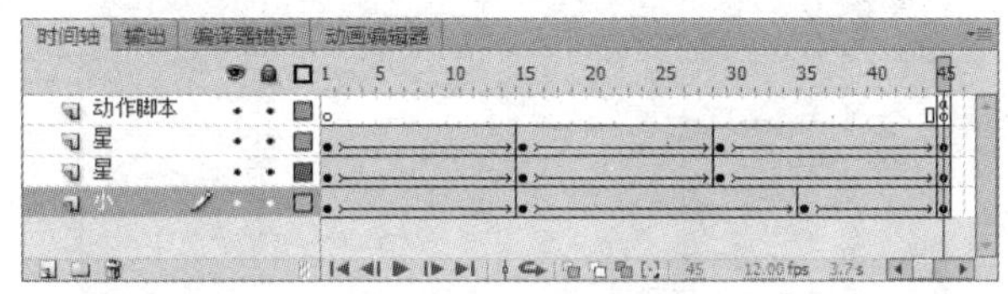

图 8-1-15　“小星星”影片剪辑元件时间轴

17 单击舞台窗口左上方的“场景 1”图标，切换至“场景 1”的舞台窗口，在时间轴下方单击【新建】按钮，新建一个图层，将图层命名为“小星星”。在第 101 帧处按 F6 键插入关键帧。将库面板中的“小星星”影片剪辑元件拖至舞台，调整元件的大小及位置。

18 选择【插入】/【新建元件】命令，或按 Ctrl+F8 组合键，打开【创建新元件】对话框，输入元件名称“播放”，选择类型为“按钮”，如图 8-1-16 所示。在工具面板中单击【矩形工具】按钮，无笔触；填充颜色为棕色（“#663300”），设置矩形边角半径为“3.00”，绘制矩形。在时间轴下方单击【新建】按钮，新建一个图层，在工具面板中单击【文本工具】按钮 T，设置字体的颜色及大小，输入文字“播放”，如图 8-1-17 所示。再新建一个图层，在该图层的“指针经过”帧，按 F6 键插入关键帧，导入库面板中的“小歌手”图形元件，如图 8-1-18 所示。

创建新元件
名称(N): 播放　　确定
类型(T): 按钮　　取消
文件夹: 库根目录
高级 ▸

图 8-1-16　创建“播放”按钮元件

图 8-1-17　弹起状态

图 8-1-18　指针经过状态

19 单击舞台窗口左上方的“场景 1”图标，切换至“场景 1”的舞台窗口，在时间轴下方单击【新建】按钮，新建一个图层，将图层命名为“按钮”。在第 101 帧处按 F6 键插入关键帧。将库面板中的“播放”按钮元件拖至舞台，调整按钮元件的大小及位置。

20 右击舞台中的“播放”按钮元件，在弹出的快捷菜单中选择【动作】命令，在打开的【动作】对话框中输入如下代码命令，如图 8-1-19 所示。

21 在时间轴下方单击【新建】按钮，新建一个图层，将图层命名为“音乐”。分别在第 5 帧和第 180 帧处按 F6 键插入关键帧。打开属性面板，在“声音”栏的【名称】下拉列表框中选择音乐文件“儿童歌曲-小星星.mp3”，效果为“自定义”，制作音量逐渐降低的淡出效果，同步为“数据流”，如图 8-1-20 所示。

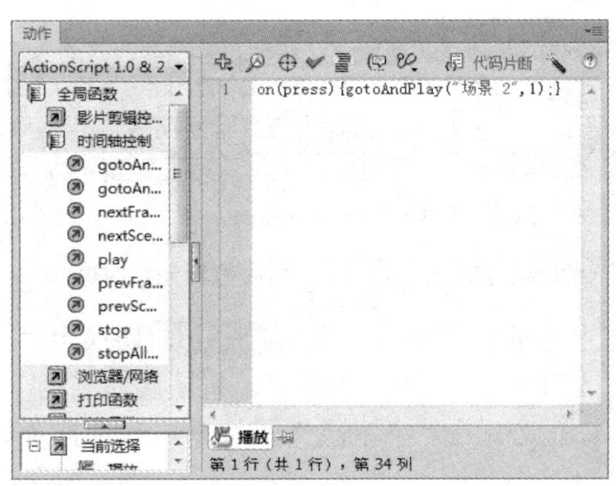

图 8-1-19　ActionScript 代码

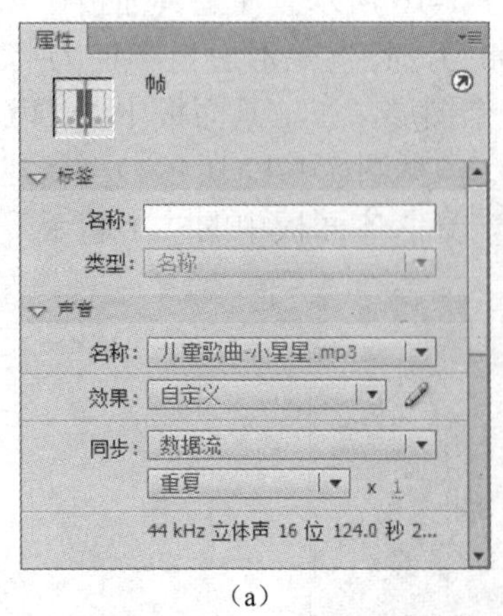

（a）

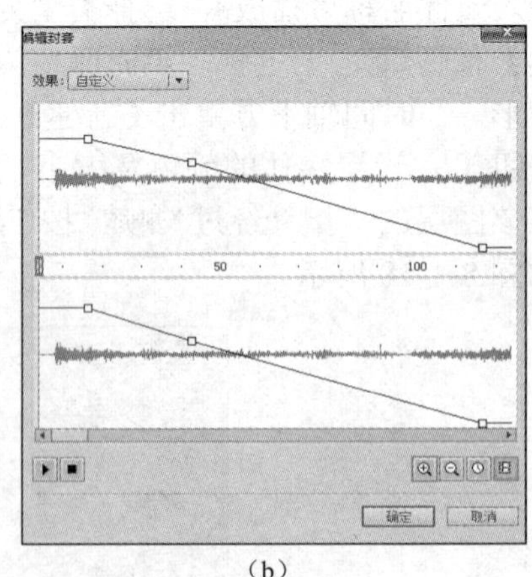

（b）

图 8-1-20　音乐的导入及淡出效果

小提示

Flash 动画中有两种声音元素，一种是背景音乐，另一种是动画音效。对于动画中的背景音乐最好创建独立的图层放置，避免出现图层的混乱。

2. 制作主体动画

01 选择【插入】/【场景】命令，创建一个新的场景“场景 2”，将“图层 1”重命名为“音乐”。在第 555 帧处按 F6 键插入关键帧。打开属性面板，在“声音”栏的【名称】下拉列表中选择“儿童歌曲-小星星.mp3”，效果为“自定义”，制作音量逐渐降低的淡出效果，同步为“数据流”，如图 8-1-21 所示。

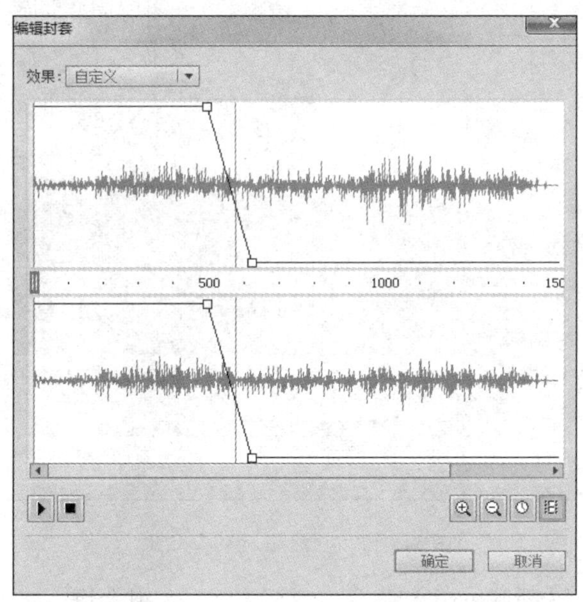

图 8-1-21　音乐的淡出效果

小提示

动画一般由多个场景组成，除了都制作在同一场景以外，还可以将不同背景的动画片段放置在不同的场景中。

02 在时间轴下方单击【新建】按钮，再新建一个图层，将图层命名为“背景”。导入背景素材，选择【文件】/【导入】/【导入到舞台】命令，打开【导入】对话框，选择图片位置，在文件列表中选择需要导入的文件“背景图”，单击【开始】按钮，将图片文件导入舞台，调整图片的位置，使其在舞台的中央。在【背景】图层第 555 帧处按 F5 键插入普通帧。

03 在时间轴下方单击【新建】按钮，再新建一个图层，将图层命名为“星星月亮”。在工具面板中选择矩形工具或椭圆工具，在舞台上绘制星星、月亮等图形。

04 选择【插入】/【新建元件】命令，或按 Ctrl+F8 组合键，打开【创建新元件】对话框，创建图形元件“流星”，并绘制图形。再次按 Ctrl+F8 组合键，打开【创建新元件】对话框，输入元件名称“流星运动”，选择类型为“影片剪辑”。利用引导动画，制作流星从空中划过的运动效果，如图 8-1-22 所示。

05 单击舞台窗口右上方的“场景”图标，选择“场景 2”，切换至“场景 2”的舞台窗口，在时间轴下方单击【新建】按钮，新建一个图层，将图层命名为“流星”。在第 161 帧处按 F6 键插入关键帧。将库面板中的“流星”影片剪辑元件拖动至舞台，调整该元件的大小及位置。

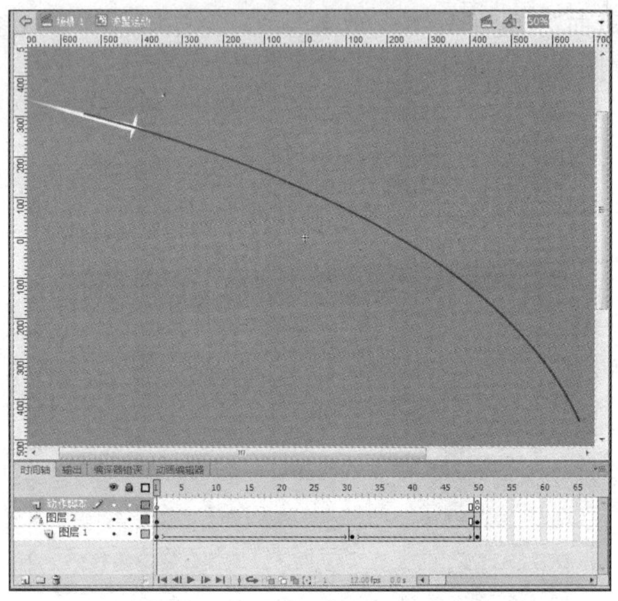

图 8-1-22 “流星运动”效果

06 选择【插入】/【新建元件】命令，或按 Ctrl+F8 组合键，打开【创建新元件】对话框，创建图形元件“大星星”，并绘制图形。再次按 Ctrl+F8 组合键，打开【创建新元件】对话框，输入元件名称“大星星运动”，选择类型为“影片剪辑”，制作出大星星眨眼睛、左右摇晃的动画效果，如图 8-1-23 所示。

（a）

（b）

（c）

（d）

图 8-1-23 “大星星”的动画效果

07 单击舞台窗口右上方的“场景”图标，选择“场景 2”，切换至“场景 2”的舞台

窗口，在时间轴下方单击【新建】按钮，新建一个图层，将图层命名为“大星星”。在第 204 帧处按 F6 键插入关键帧。将库面板中的“大星星运动”影片剪辑元件拖至舞台，调整该元件的大小及位置。分别在第 231 帧、第 281 帧、第 341 帧、第 381 帧、第 421 帧、第 470 帧、第 520 帧、第 555 帧处按 F6 键插入关键帧。修改该元件的大小及位置，制作补间动画效果。

08 在时间轴下方单击【新建】按钮，新建一个图层，将图层命名为“完”。在第 533 帧处按 F6 键插入关键帧。在工具面板中单击【文本工具】按钮 T，将鼠标指针移动至舞台合适的位置，单击并输入文字“完”，然后使用选择工具选中输入的文本，在属性面板中设置字体、大小及颜色。右击该文字，在弹出的快捷菜单中选择【转换为元件】命令，将该文字转换为图形元件。在第 555 帧处按 F6 键插入关键帧，调整第 533 帧处的元件属性，在“色彩效果”选项中设置其 Alpha 值为“0%”，如图 8-1-24 所示。右击【完】图层的第 533 帧，在弹出的快捷菜单中选择【创建传统补间】命令，生成传统补间动画，制作“完”逐渐淡入的效果。观看“创建场景 2”操作视频，可扫描下面的二维码。

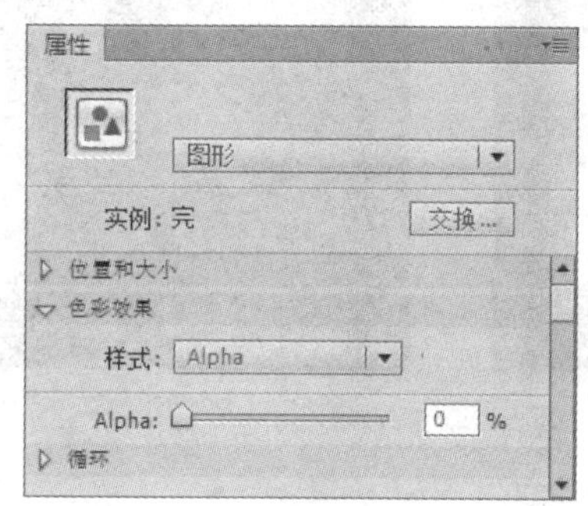

图 8-1-24　调整元件属性

创建场景 2

09 在时间轴下方单击【新建】按钮，再新建一个图层，将图层命名为“小歌手”。在第 116 帧处按 F6 键插入关键帧。将库面板中的“小歌手摆动”影片剪辑元件拖至舞台，调整元件的大小及位置，将时间指针调整至第 162 帧处，按 F6 键插入关键帧。调整第 116 帧的元件属性，在“色彩效果”选项中设置其 Alpha 值为“0%”。右击【小歌手】图层的第 116 帧，在弹出的快捷菜单中选择【创建传统补间】命令，生成传统补间动画，制作“小歌手”逐渐淡入的效果。

10 选择【插入】/【新建元件】命令，或按 Ctrl+F8 组合键，打开【创建新元件】对话框，创建图形元件“幕布”，并绘制一个黑色矩形作为幕布。单击舞台窗口右上方的“场景”图标，选择“场景 2”，切换至“场景 2”的舞台窗口，在时间轴下方单击【新建】按钮，再新建两个图层，分别将图层命名为 “幕布上”和“幕布下”。将库面板中的“幕布”图形元件拖动至舞台，调整位置及大小，使其遮住整个舞台。将时间指针调整至第 90 帧处，按 F6 键插入关键帧。调整元件的大小，利用补间动画制作出幕布向上、向下拉开的动画效果，如图 8-1-25 所示。

11 在时间轴下方单击【新建】按钮，新建一个图层，将图层命名为“歌词”。根据音乐，分别记录歌词的内容及时间。在第 216 帧处按 F6 键插入关键帧，在工具面板中单击

【文本工具】按钮 T，将鼠标指针移动至舞台合适的位置，单击并输入歌词“一闪一闪亮晶晶”，然后使用选择工具选中输入的文本，在属性面板中设置字体为黑体，大小为25，颜色为白色。再分别在第281帧、第339帧、第393帧、第448帧、第504帧处按F6键插入关键帧，修改歌词的内容，如图8-1-26所示。

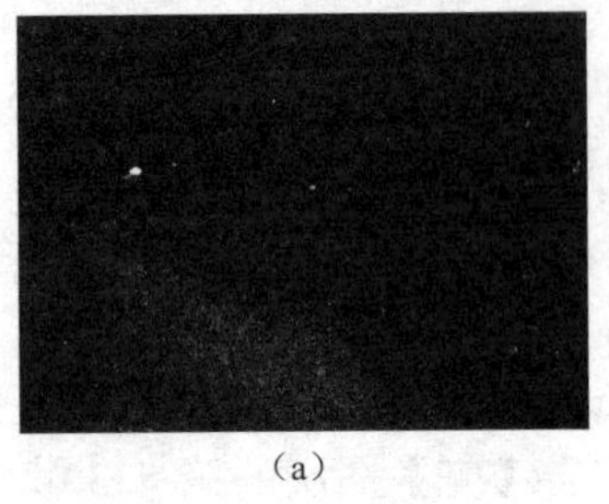
（a）

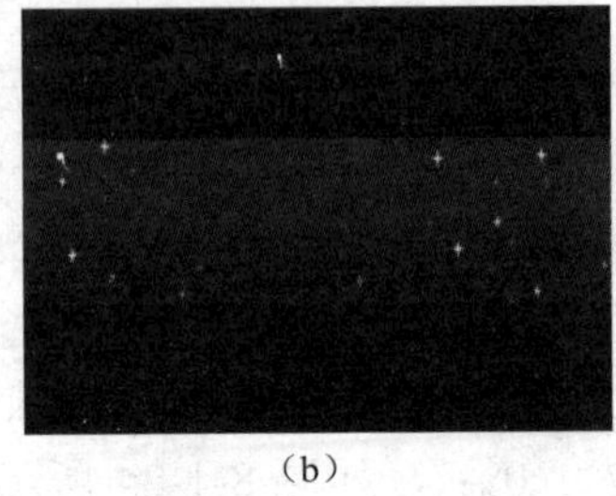
（b）

（c）

图 8-1-25 幕布拉开的动画效果

（a）

（b）

（c）

图 8-1-26 添加字幕效果

小提示

一般动画音乐都比较长，在播放动画的过程中使字幕与歌词同步是一件比较烦琐的工作。要解决这个问题，细心制作是必要的。也可以通过为音乐添加提醒作用的帧标签来实现与字幕的对齐操作，还可以将音频文件分段导入，以方便添加字幕。

在添加字幕时，可以按Enter键，在时间轴上直接浏览动画并听到声音。需要注意的是，要将“声音”的“同步”选项设置为“数据流”，这样在浏览动画时才能够更方便地制作字幕。

12 复制【歌词】图层，将图层重命名为“歌词2”，置于【歌词】图层的上方，并将图层中的文字颜色改为玫红色（#FF00CC）。在时间轴下方单击【新建】按钮，新建一个图层，将图层命名为“遮罩”，置于【歌词2】图层的上方。根据音乐，分别记录歌词的内容及时间。在第226帧处按F6键插入关键帧，在工具面板中单击【矩形工具】按钮，无笔触，填充颜色任意。调整矩形的大小及位置，使其正好遮挡歌词的第一个字。右击该矩形，在弹出的快捷菜单中选择【转换为元件】命令，将该矩形转换为图形元件。在第276帧处按F6键插入关键帧，在工具面板中单击【任意变形工具】按钮，调整矩形的大小，使其正好遮挡歌词的所有文字。右击【遮罩】图层的第226帧，在弹出的快捷菜单中选择【创建传统补间】命令，生成传统补间动画。用同样的方法，制作其他歌词的遮罩效果，如图8-1-27所示。

（a）

（b）

图 8-1-27　制作遮罩效果 1

13 选择【遮罩】图层，右击，在弹出的快捷菜单中选择【遮罩层】命令，完成遮罩动画的创建，效果如图 8-1-28 所示。时间轴的设置如图 8-1-29 所示。观看“制作歌词”操作视频，可扫描下面的二维码。

（a）

（b）

图 8-1-28　制作遮罩效果 2

图 8-1-29　时间轴

制作歌词

14 选择【插入】/【新建元件】命令，或按 Ctrl+F8 组合键，打开【创建新元件】对话框，输入元件名称“重播”，选择类型为“按钮”。在工具面板中单击【矩形工具】按钮，无笔触，填充颜色为棕色（#663300）；设置矩形边角半径为“3.00”，绘制矩形。在时间轴下方单击【新建】按钮，新建一个图层；在工具面板中单击【文本工具】按钮 T，设置字体的颜色及大小，输入文字“重播”。

15 单击舞台窗口右上方的“场景”图标，选择“场景 2”，切换至“场景 2”的舞台窗口，在时间轴下方单击【新建】按钮，新建一个图层，将图层命名为“按钮”。在第 555

帧处按 F6 键插入关键帧。将库面板中的“重播”按钮元件拖动至舞台，调整按钮元件的大小及位置。右击舞台中的“重播”按钮元件，在弹出的快捷菜单中选择【动作】命令，在打开的【动作】对话框中输入如下代码。

```
on(press){gotoAndPlay("场景 2",1);}
```

16 选择【控制】/【测试场景】命令，或按 Ctrl+Alt+Enter 组合键，测试“场景 2”的动画效果。

3. 保存、预览并发布动画

（1）保存文件

选择【文件】/【保存】命令，或按 Ctrl+S 组合键，打开【另存为】对话框，选择保存位置，在【文件名】下拉列表框中输入文件名称“Flash MTV《小星星》”，最后单击【保存】按钮即可完成 Flash 文件的保存。

（2）预览动画

选择【控制】/【测试影片】/【测试】命令，或按 Ctrl+Enter 组合键，Flash CS6 会调用播放器来测试整个影片，起到预览的作用。

（3）发布动画

选择【文件】/【发布设置】命令，或按 Ctrl+Shift+F12 组合键，打开【发布设置】对话框，发布的类型可以选择 Flash、HTML 包装器、GIF 图像、JPEG 图像、PNG 图像等。建议不要导出 AVI 视频格式，否则将丢失该动画中的交互性。

任务小结

本任务通过制作多个元件完成了一个卡通 MTV 动画效果，通过制作按钮并为按钮添加脚本实现了对动画的各种控制及不同场景之间的切换，利用 Flash 基本动画类型制作了图形的运动效果并配合背景音乐制作了字幕。本任务使学生大概了解了制作一个大型动画的流程和方法。

任务 8.2　制作 Flash 小游戏——打地鼠

任务描述

在实际工作中常常会使用 Flash 制作有趣的游戏动画。本任务将介绍一个简单的 Flash 游戏——打地鼠的制作，利用 Flash 的绘图工具绘制卡通风格的背景、可爱的游戏角色，通过脚本控制场景中的角色，从而实现游戏效果。Flash 小游戏的最终效果如图 8-2-1 所示。

观看“Flash 小游戏——打地鼠动画效果”视频，可扫描下面的二维码。

（a）

（b）

图 8-2-1　Flash 小游戏的动画效果

Flash 小游戏——打地鼠动画效果

知识准备

在实施本任务前需要了解 Flash 游戏的特点、类型及制作流程等知识，在实际制作过程中，主要涉及游戏背景的制作、游戏对象的绘制、背景音乐及碰撞声音的制作、控制游戏进行的 ActionScript 脚本编写等。

1. Flash 游戏概述

Flash 具有强大的脚本交互功能，通过为 Flash 添加合适的 ActionScript 脚本可以实现各类小游戏的开发，如赛车游戏、射击游戏、俄罗斯方块、贪吃蛇等。使用 Flash 制作的游戏具有如下优点。

1）适合网络发布和传播；

2）制作简单方便；

3）视觉效果突出；

4）游戏简单，操作方便。

2. 常见的 Flash 游戏类型

实际上，使用 Flash 可制作出任何一种可以想到的游戏，对于网络应用来说，常用的游戏类型如下。

1）射击类游戏，图 8-2-2 所示为 4399 网站上的一款射击类游戏。

（a）

（b）

图 8-2-2　射击类游戏

2）益智类游戏，图 8-2-3 所示为 4399 网站上的“张小盒找茬”游戏。

（a）

（b）

图 8-2-3　益智类游戏

3）动作类游戏，图 8-2-4 所示为 7k7k 网站上的“龙珠大战拳皇”游戏。

（a）

（b）

图 8-2-4　动作类游戏

4）休闲类游戏，图 8-2-5 所示为 4399 网站上的“海绵宝宝——海洋保卫战”游戏。

（a）

（b）

图 8-2-5　休闲类游戏

知识链接

网页游戏（Webgame）又称 Web 游戏，简称页游。它是基于 Web 浏览器的网络在线多人互动游戏，其实就是用浏览器玩的游戏。它不用下载客户端，打开浏览器，10s 即可进入游戏。页游前端通常采用 Flash 动画来实现。

3. Flash 游戏制作流程

使用 Flash 制作游戏需要遵循游戏制作的一般流程，这样才能更有效率。Flash 游戏制作的一般流程如下。

（1）游戏构思及框架设计

在着手制作一个游戏前，必须要有一个大概的游戏规划或方案。首先确定游戏的目的，根据目的设计符合需求的作品。Flash 游戏的类型包括益智类、动作类、休闲类等。

（2）素材的收集和准备

要完成一个比较成功的 Flash 游戏，必须拥有足够丰富的游戏内容和漂亮的游戏画面，同时需要收集和准备游戏中要用到的各种素材，包括图片、声音等。

（3）制作与测试

当所有的素材都准备好后，就可以开始游戏的制作了。将平时学习和积累的经验和技巧合理地运用到游戏制作过程中，就可以顺利完成制作。

1）分工合作：一个游戏的制作过程非常烦琐和复杂，要做好一个游戏，必须要多人相互协调工作，每个人要根据自己的特长来承担不同的工作，如美工负责游戏的整体风格和视觉效果，而程序员则进行游戏程序的设计，从而充分发挥各自的作用，保证游戏的制作质量，提高工作效率。

2）设计进度：将所有要做的工作加以合理的分配，每天完成一定的任务，事先设计好进度表，然后按进度表进行制作，从而有条不紊地完成工作。

3）学习他人的作品：学习不是抄袭他人的作品，而是在平时多注意他人游戏制作的方法，养成研究和分析的习惯，从这些观摩的经验中，找出自己出错的原因，发现新的技术，提高自身的技能。

任务实施

1. 制作 Flash 动画元件

01 启动 Flash CS6，在选择【文件】/【新建】命令或按 Ctrl+N 组合键，或在欢迎界面的“新建”选项组中进行选择，新建 Flash 文件。

02 修改文档的尺寸为 550 像素×400 像素，设置帧频为“12.00”帧（fps），背景颜色为白色，如图 8-2-6 所示，保存为“打地鼠.fla”。

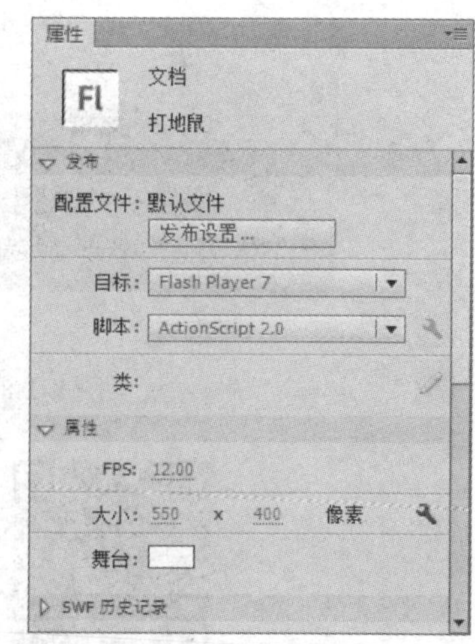

图 8-2-6　设置文档属性

03 将“图层 1”重命名为“背景”。导入背景素材，选择【文件】/【导入】/【导入到舞台】命令，打开【导入】对话框，选择图片位置，在文件列表中选择需要导入的文件“背景图”，单击【开始】按钮，将图片文件的导入舞台，调整图片的位置，使其在舞台的中央。在【背景】图层第 10 帧处按 F5 键插入普通帧。

04 选择【文件】/【导入】/【导入到库】命令，打开【导入】对话框，选择图片位置，在文件列表中选择需要导入的文件“8-2-02”～“8-2-06”，单击【开始】按钮，将图片文件的导入库中。

05 制作“地鼠出来”影片剪辑元件。先分别将“8-2-04”和“8-2-05”两个图片素材制作成图形元件“地鼠 1”和“地鼠 2”。选择【插入】/【新建元件】命令，或按 Ctrl+F8 组合键，打开【创建新元件】对话框，输入元件名称“地鼠出来”，选择类型为“影片剪辑”。分别创建“地鼠洞”“地鼠 1”“地鼠 2”“按钮”“动作脚本”等图层，各图层的关键帧设置如图 8-2-7 所示。

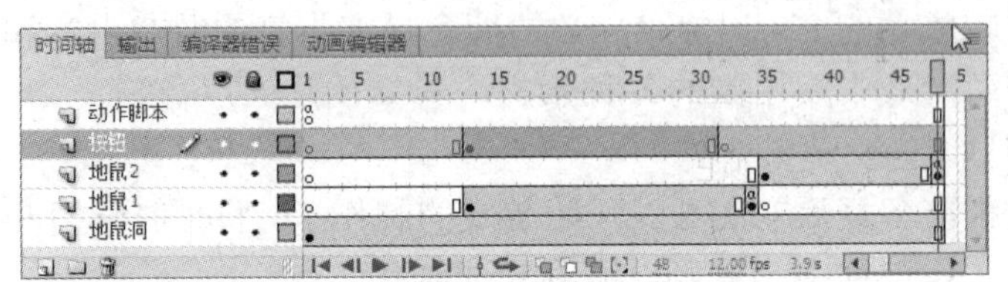

图 8-2-7 “地鼠出来”影片剪辑元件时间轴

06 【地鼠 1】、【地鼠 2】图层中的关键帧代码如下。

```
gotoAndStop(1);
```

07 【动作脚本】图层的代码如下。

```
stop();
```

08 单击舞台窗口左上方的“场景 1”图标，切换至“场景 1”的舞台窗口，在时间轴下方单击【新建】按钮，新建一个图层，将图层命名为“地鼠”。分别将库面板中的“地鼠出来”影片剪辑元件拖动至舞台，调整元件的大小及位置。调出影片剪辑的属性面板，在分别输入实例名称“h1”“h2”“h3”“h4”“h5”“h6”“h7”“h8”，如图 8-2-8 所示。观看“制作元件”和“设置元件的实例名称”操作视频，可扫描下面的二维码。

（a）

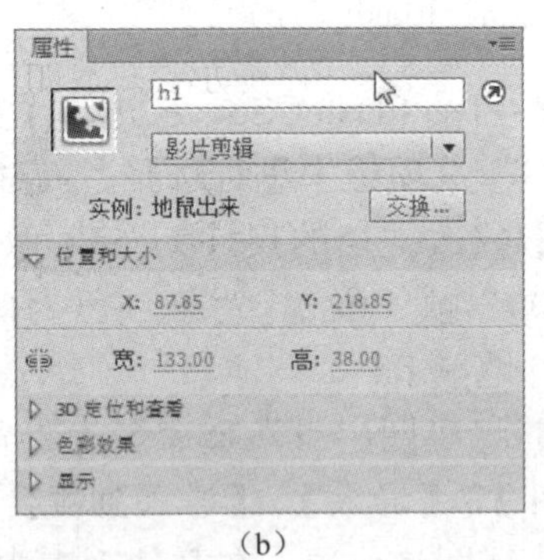

（b）

图 8-2-8 “地鼠出来”影片剪辑元件及设置实例名称

设置元件的实例名称

制作元件

小提示

参与动画制作的元件都要设置相应的实例名称，以方便动画调用。

09 制作“时间”影片剪辑元件。选择【插入】/【新建元件】命令，或按 Ctrl+F8 组合键，打开【创建新元件】对话框，输入元件名称“时间”，选择类型为“影片剪辑”。在工具面板中单击【矩形工具】按钮，笔触颜色为“#86B21B”，填充无，设置矩形边角半径为“2.00”，绘制圆角矩形。再新建一个图层，将图层命名为“文字”，在工具面板中单击【文本工具】按钮 T，设置字体的颜色及大小，输入文字“时间”。再创建一个文本，将文本类型设置为“动态文本”，变量名为“shijian”，如图 8-2-9 所示。

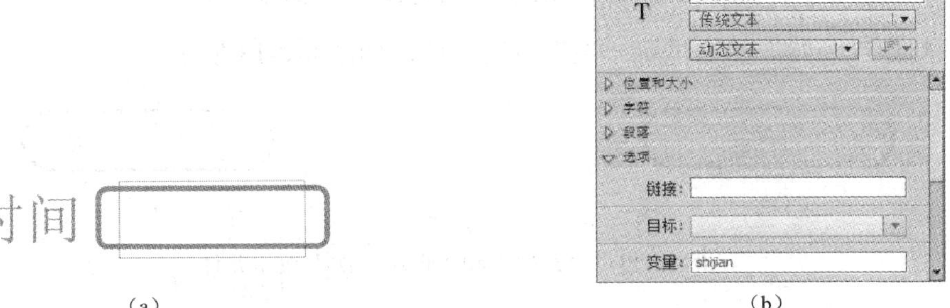

（a）　（b）

图 8-2-9　“时间”影片剪辑元件及动态文本

10 再新建一个图层，将图层命名为“动作脚本”，第 1 帧动作脚本如下。

```
shijian = "30";
```

第 2 帧、第 10 帧动作脚本如图 8-2-10 和图 8-2-11 所示。

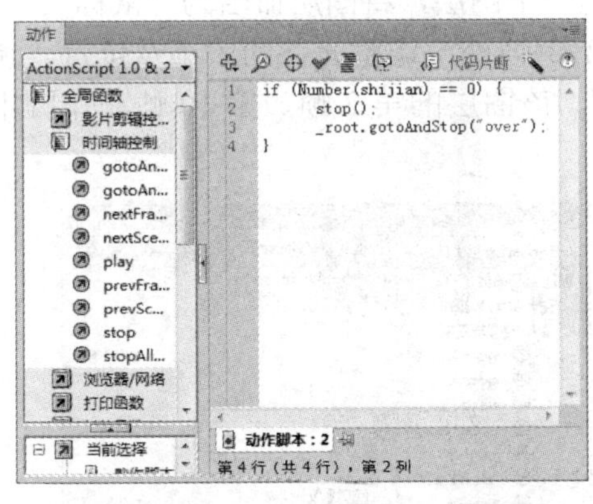

图 8-2-10　第 2 帧动作脚本

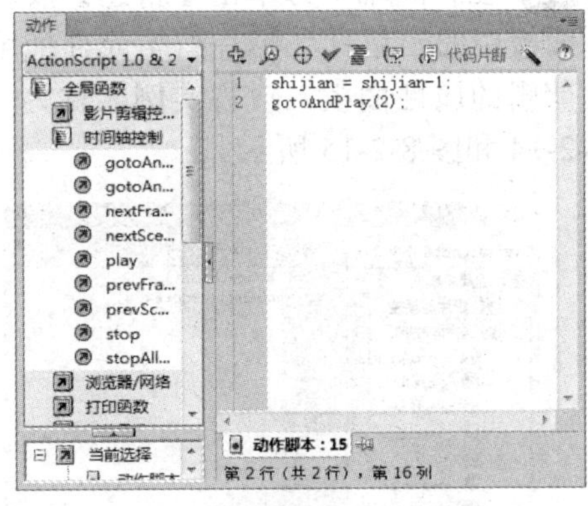

图 8-2-11　第 10 帧动作脚本

11 用同样的方法制作“成绩”影片剪辑元件。将文本类型设置为“动态文本”，变量名为“score”，如图 8-2-12 所示。

12 制作“鼠标”影片剪辑元件。选择【插入】/【新建元件】命令，或按 Ctrl+F8 组合键，打开【创建新元件】对话框，输入元件名称“鼠标”，选择类型为“影片剪辑”。将库面板中的“8-2-02”图片素材拖动至舞台窗口。

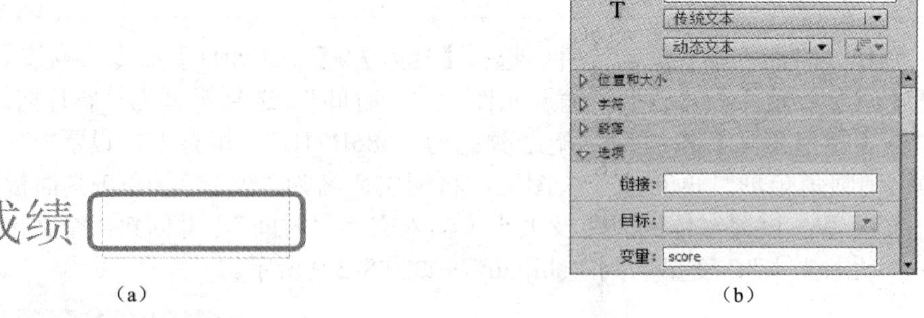

（a）　（b）

图 8-2-12　“成绩”影片剪辑元件及动态文本

13 制作“开始”和“再玩一次”按钮元件，如图 8-2-13 所示。

（a）　（b）

图 8-2-13　“开始”和“再玩一次”按钮元件

2. 制作场景动画

01 单击舞台窗口左上方的“场景 1”图标，切换至“场景 1”的舞台窗口，在时间轴下方单击【新建】按钮，新建一个图层，将图层命名为“时间成绩”。分别将库面板中的“时间”、“成绩”影片剪辑元件拖至该图层第 2 帧处，调整元件的大小及位置。调出影片剪辑的属性面板，分别设置实例名称为“shijian”和“chengji”。

02 在时间轴下方单击【新建】按钮，新建一个图层，将图层命名为“鼠标”。分别将库面板中的“鼠标”影片剪辑元件拖至该图层第 2 帧处，调整元件的大小及位置。调出影片剪辑的属性面板，设置实例名称为“shubiao”。该图层的第 2 帧、第 10 帧动作脚本如图 8-2-14 和图 8-2-15 所示。

图 8-2-14　第 2 帧动作脚本

图 8-2-15　第 10 帧动作脚本

03 在时间轴下方单击【新建】按钮，分别新建两个图层，将图层命名为“开始”和“再玩一次”。将库面板中的“开始”按钮元件拖动至【开始】图层第 1 帧处，调整元件的大小及位置。在第 2 帧处按 F7 键插入空白关键帧。将库面板中的“再玩一次”按钮元件拖动至【再玩一次】图层第 10 帧处，调整元件的大小及位置。

04 在时间轴下方单击【新建】按钮，新建一个图层，将图层命名为“音效”。打开属性面板，在【声音】下拉列表框中选择“8-2-06 音效.WAV”，在【同步】下拉列表框中选择为“事件”“循环”，如图 8-2-16 所示。

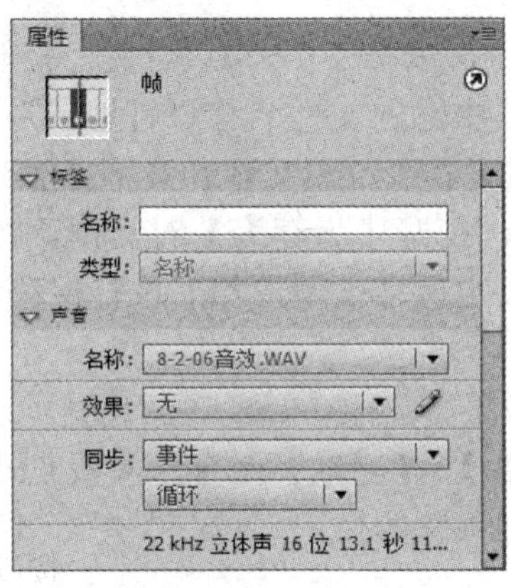

图 8-2-16　音效的属性面板

05 在时间轴下方单击【新建】按钮，新建一个图层，将图层命名为“动作脚本”。第 1 帧动作脚本如下。

```
stop();
```

第 2 帧、第 3 帧动作脚本如图 8-2-17 和图 8-2-18 所示。

图 8-2-17　第 2 帧动作脚本

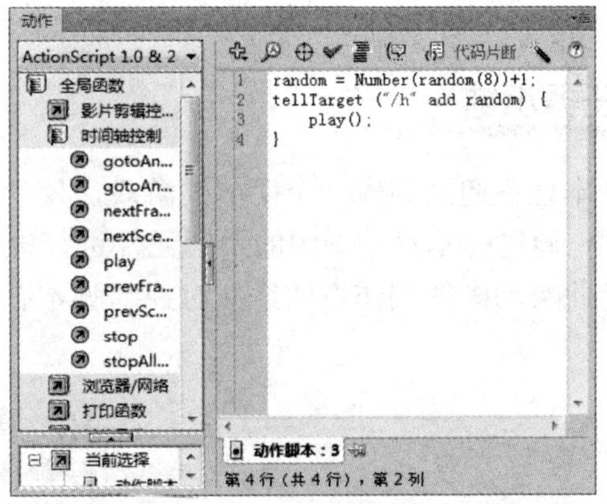

图 8-2-18　第 3 帧动作脚本

第 9 帧动作脚本如下。

```
gotoAndPlay(3);
```

第 10 帧动作脚本如下。

脚本的编写

```
stopDrag();
stop();
```

观看“脚本的编写”操作视频，可扫描右侧的二维码。

3. 保存、预览并发布动画

（1）保存文件

选择【文件】/【保存】命令，或按 Ctrl+S 组合键，打开【另存为】对话框，选择保存位置，在【文件名】下拉列表框中输入文件名称“打地鼠”，最后单击【保存】按钮即可完成 Flash 文件的保存。若既要保留修改过的文件，又不想放弃原来的文件，可以在菜单栏中选择【文件】/【另存为】命令，打开【另存为】对话框，在对话框中可以为更改过的文件重新命名、选择存储的路径、设定保存类型，然后进行保存。

（2）预览动画

按 Enter 键可以预览动画效果，如果 Flash 动画是脚本动画则无法进行动画的预览。此时可以选择【控制】/【测试影片】/【测试】命令，或按 Ctrl+Enter 组合键，Flash CS6 会调用播放器来测试整个影片，起到预览的作用。

（3）发布动画

选择【文件】/【发布设置】命令，或按 Ctrl+Shift+F12 组合键，打开【发布设置】对话框，发布的类型可以选择 Flash、HTML 包装器、GIF 图像、JPEG 图像、PNG 图像等。建议不要导出 AVI 视频格式，否则将丢失该动画中的交互性。

小提示

动画制作中使用了很多脚本，为了保证游戏能够正常播放，发布的文件格式只能是.swf 和.exe。

任务小结

本任务通过制作一个简单的游戏，使学生了解了如何在 Flash CS6 中使用元件制作场景动画，通过脚本对动画中的不同元件进行控制，从而得到很好的游戏效果。本任务使学生掌握了此类动画的制作方法，并对控制脚本有了一定的理解。

拓 展 知 识

1. 用 Flash 制作 MTV 的常见类型

目前用 Flash 制作的 MTV 有音乐 MTV、短剧 MTV 和改编 MTV 3 种。音乐 MTV 表现内容要按照音乐的含义制作，通常都会配有字幕。短剧 MTV 要有具体的故事情节、人物角

色，甚至要有配音等专业步骤，制作起来要求较高。改编 MTV 吸引人的地方是优秀的剧本和精美的动画设计。

2. MTV 中常用的音乐格式

Flash 中常使用的是 WAV 格式和 MP3 格式。不过为了保证动画最后的发布效果，建议使用 128kbit/s 的 MP3 格式音频文件，并且在发布时设置为立体声。

3. 游戏制作完成后如何保证其正确性

游戏制作完成后需要进行测试，通过测试可以找出程序中的问题。在测试时可以通过【控制】/【测试影片】命令及【控制】/【测试场景】命令来实现。为了避免测试时忽略盲点，一定要在多台计算机上进行测试，而且参加的人数最好多一些，这样就有可能发现游戏中存在的问题，使游戏效果更加完善。

课后练习

1．制作一款唯美风格的 Flash MTV 动画，效果如题图 8-1 所示。

(a)

(b)

题图 8-1　Flash MTV 动画效果

2．制作一款儿童音乐节目的片头动画，效果如题图 8-2 所示。

题图 8-2　片头动画效果

3．制作一款找茬游戏，通过单击【开始游戏】按钮即可进入找茬页面，完成游戏后最终出现“恭喜你赢了！”页面，利用脚本实现游戏动画的制作，效果如题图 8-3 所示。

（a）

（b）

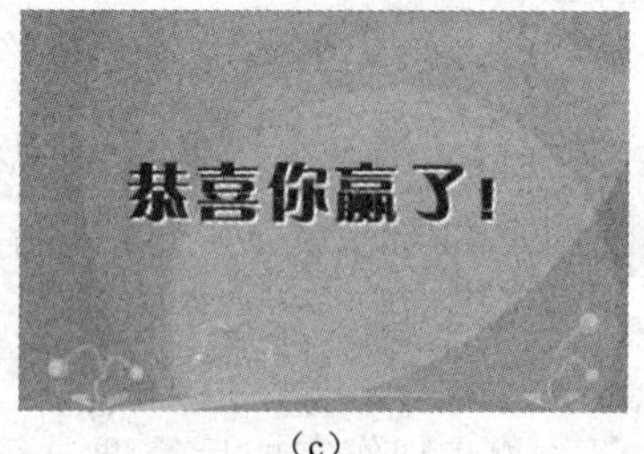

（c）

题图 8-3　游戏动画效果

参 考 文 献

陈荣征，苏顺亭．2013．Flash CS4 动画设计教程．北京：人民邮电出版社．

高志清，张伟，等．2005．Flash 网站制作创意与表现．北京：中国水利水电出版社．

库萨若，帕若特．2006．Flash 好莱坞 2D 动画革命．涂颖芳，熊炜，张骥译．北京：清华大学出版社．

美国 Adobe 公司．2010．Adobe Flash CS5 ActionScript 3.0 中文版经典教程．北京：人民邮电出版社．

孟娜．2013．边做边学：Flash CS4 动漫制作案例教程．北京：人民邮电出版社．

聂小燕，宋小磊，蹇佳君．2008．精通 Flash：基本技能、视觉设计与商业案例．北京：人民邮电出版社．

张凡．2012．Flash CS5 中文版基础教程．北京：北京理工大学出版社．

张凡，等．2012．Flash CS5 中文版实用教程．北京：机械工业出版社．

张晓景，等．2012．Flash CS5 中文版完全自学手册．北京：机械工业出版社．

参考文献